总主编 林家阳

U0242016

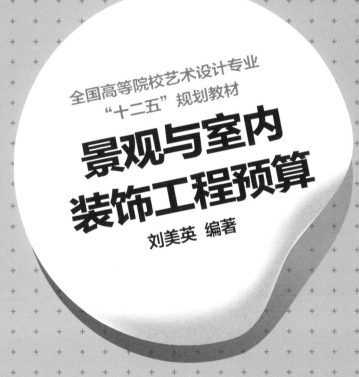

全国高等院校艺术设计专业
"十二五"规划教材

景观与室内
装饰工程预算

刘美英 编著

中国轻工业出版社 全国百佳图书出版单位

图书在版编目（CIP）数据

景观与室内装饰工程预算 / 刘美英编著. — 北京：中国轻工业出版社，2018.12

ISBN 978-7-5019-9243-0

Ⅰ．①景⋯ Ⅱ．①刘⋯ Ⅲ．①室内装饰 – 建筑预算定额 Ⅳ．①TU723.3

中国版本图书馆CIP数据核字（2013）第281002号

责任编辑：毛旭林

策划编辑：李 颖 毛旭林 责任终审：劳国强 版式设计：锋尚设计

封面设计：刘 斌 责任校对：晋 洁 责任监印：张 可

出版发行：中国轻工业出版社（北京东长安街6号，邮编：100740）

印 刷：北京富诚彩色印刷有限公司印刷

经 销：各地新华书店

版 次：2018年12月第1版第4次印刷

开 本：889×1194 1/16 印张：8.5

字 数：272千字

书 号：ISBN 978-7-5019-9243-0 定价：49.80元

邮购电话：010-65241695

发行电话：010-85119835 传真：85113293

网 址：http://www.chlip.com.cn

Email：club@chlip.com.cn

如发现图书残缺请与我社邮购联系调换

181337J1C104ZBW

序一
PROLOG 1

中国的艺术设计教育起步于 20 世纪 50 年代，改革开放以后，特别是 90 年代进入一个高速发展的阶段。由于学科历史短，基础弱，艺术设计的教学方法与课程体系受前苏联美术教育模式与欧美国家 20 世纪初形成的课程模式影响，导致专业划分过细，过于偏重技术性训练，在培养学生的综合能力、创新能力等方面表现出突出的问题。

随着经济和文化的大发展，社会对于艺术设计专业人才的需求量越来越大，市场对艺术设计人才教育质量的要求也越来越高。为了应对这种变化，教育部将"艺术设计"由原来的二级学科调整为"设计学"一级学科，既体现了对设计教育的重视，也体现了把设计教育和国家经济的发展密切联系在一起。因此教育部高等学校设计学类专业教学指导委员会也在这方面做了很多工作，其中重要的一项就是支持教材建设工作。此次由设计学类专业教指委副主任林家阳教授担纲的这套教材，在整合教学资源、结合人才培养方案，强调应用型教育教学模式、开展实践和创新教学，结合市场需求、创新人才培养模式等方面做了大量的研究和探索；从专业方向的全面性和重点性、课程对应的精准度和宽泛性、作者选择的代表性和引领性、体例构建的合理性和创新性、图文比例的统一性和多样性等各个层面都做了科学适度、详细周全的布置，可以说是近年来高等院校艺术设计专业教材建设的力作。

设计是一门实用艺术，检验设计教育的标准是培养出来的艺术设计专业人才是否既具备深厚的艺术造诣，实践能力，同时又有优秀的艺术创造力和想象力，这也正是本套教材出版的目的。我相信本套教材能对学生们奠定学科基础知识、确立专业发展方向、树立专业价值观念产生最深远的影响，帮助他们在以后的专业道路上走得更长远，为中国未来的设计教育和设计专业的发展注入正能量。

教育部高等学校设计学类专业教学指导委员会主任

中央美术学院　教授 / 博导　谭平

2013 年 8 月

序二
PROLOG 2

建设"美丽中国"、"美丽乡村"的内涵不仅仅是美丽的房子、美丽的道路、美丽的桥梁、美丽的花园，更为重要的内涵应该是贴近我们衣食住行的方方面面。好比看博物馆绝不只是看博物馆的房子和景观，而最为重要的应该是其展示的内容让人受益，因此"美丽中国"的重要内涵正是我们设计学领域所涉及的重要内容。

办好一所学校，培养有用的设计人才，造就出政府和人民满意的设计师取决于三方面的因素，其一是我们要有好的老师，有丰富经历的、有阅历的、理论和实践并举的、有责任心的老师。只有老师有用，才能培养有用的学生；其二是有一批好的学生，有崇高志向和远大理想，具有知识基础，更需要毅力和决心的学子；其三是连接两者的纽带——具有知识性和实践性的课程和教材。课程是学生获取知识能力的宝库，而教材既是课程教学的"魔杖"，也是理论和实践教学的"词典"。"魔杖"即通过得当的方法传授知识，让获得知识的学生产生无穷的智慧，使学生成为文化创意产业的使者。这就要求教材本身具有创新意识。本套教材包括设计理论、设计基础、视觉设计、产品设计、环境艺术、工艺美术、数字媒体和动画设计八个方面的 50 本系列教材，在坚持各自专业的基础上做了不同程度的探索和创新。我们也希望在有限的纸质媒体基础上做好知识的扩充和延伸，通过教材案例、欣赏、参考书目和网站资料等起到一部专业设计"词典"的作用。

为了打造本套教材一流的品质，我们还约请了国内外大师级的学者顾问团队、国内具有影响力的学术专家团队和国内具有代表性的各类院校领导和骨干教师组成的编委团队。他们中有很多人已经为本系列教材的诞生提出了很多具有建设性的意见，并给予了很多方面的指导。我相信以他们所具有的国际化教育视野以及他们对中国设计教育的责任感，这套教材将为培养中国未来的设计师，为打造"美丽中国"奠定一个良好的基础。

教育部职业院校艺术设计类专业教学指导委员会主任

同济大学　教授／博导　林家阳

2013 年 6 月

前言
FOREWORD

高职教育在国内已有十多年的实践经历，与欧美发达国家相比，中国的职业教育还年轻。因为国情的不同和各校实际办学条件的差异性等因素，使我国职业艺术教育的办学质量和人才培养水平还有一个很大的提高空间。

无锡工艺职业技术学院自2008年起，在学院内实行项目式课程改革试点工作，旨在摸索校企合作进行专业改革和课程建设经验，以此强化办学特色，提高人才培养质量和办学水平。几年来，我院环艺系全体教师在人才培养目标与模式、课程体系与教学内容、实践实训教育等方面不断探索，同时，吸取了各地各校积累的丰富经验，结合我院的办学特色，将景观和室内装饰设计与施工专业人才的需求和培养目标岗位进一步明确，在遵循职业教育规律的前提下，我们建立了一套完整并符合行业发展规律的人才培养方案，并通过课程建设，师资队伍建设和实训实践条件建设进一步提高人才培养质量，以满足高等教育不断向前发展完善的目标。

如今，建设工作已经完成，我们在经历了这样一场全面的专业改革与课程建设工程后，对高职教育的认识，对课程改革的内涵等都有了深刻的认识。

《景观与室内装饰工程预算》是一门岗位平台课程，按照项目导向、任务驱动的特点而设计，力争做到课程标准与行业标准对接，学习内容与工作任务对接，学习环境与工作环境对接，使学生尽早熟悉真实的工作环境和氛围。该教材是在园林景观和室内装饰设计专业主干课程完成的基础上，强调学生实际操作应用能力的培养，注重体现工作任务和基本知识点的项目化课程，试图把最有效的信息和最便捷的方法传授给学生。

近两年，专业建设和课程改革涌现出多种声音，项目化课程的教材建设也有不同形式，这是一种大好形式，这本教材就是吸取多家优点，在教指委林家阳教授的引领下编制的。

我们尚不敢说这本教材已是很完备的了，但我们有信心，作为对课程建设成果的总结和提高，在符合认识规律的前提下，反映项目化课程特点上进了一大步。但是，不足之处肯定会有，也真诚希望大家提出宝贵建议，帮助我们进一步完善这教材。

刘美英

2013年7月

课时安排

建议课时54

章　节	课　程　内　容		课　时
第一章	第一节 工程预算基础知识	1. 工程预算的概念 2. 工程预算的特点 3. 工程预算的分类 4. 工程预算的作用	2
	第二节 工程费用组成与定额	1. 工程费用组成 2. 预算定额	2
	第三节 相关制度和法规	1. 相关制度 2. 相关法律法规	2
第二章	项目一 园林景观工程量及费用计算	1. 景观工程费用 2. 景观工程预算定额 3. 景观工程相关概念 4. 景观工程量计算	10
	项目二 园林景观工程量清单报价	1. 工程量清单计价 2. 分部分项工程量清单 3. 应用计价软件编制工程报价文件	12
第三章	项目一 家装工程市场协商报价文件编制	1. 室内装饰工程项目 2. 室内装饰工程工料单价 3. 室内装饰工程量计算 4. 室内装饰工程市场协商报价法	10
	项目二 公装工程投标报价文件编制	1. 装饰工程预算定额 2. 装饰工程预算定额的应用 3. 装饰工程工程量清单报价文件编制 4. 工程招标与投标	12
复习考试			4

目录
contents

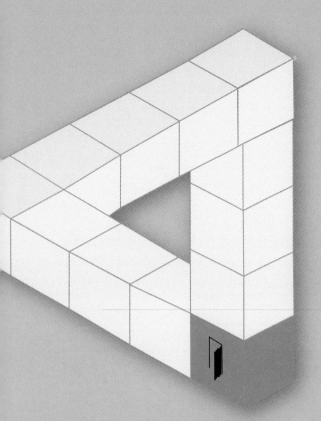

第一章
工程造价概念与基础

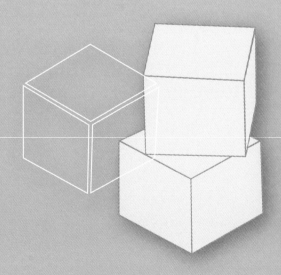

预算员岗位是目前设计、施工、咨询和审计单位的急需岗位。在预算课程的教学中，大多数院校存在着严重的教学与行业发展脱节的问题。在国内，开设该课程的有理工科、综合类和艺术类院校，学生的接受能力不一，教材深度也应该有所不同。针对高职院校培养技能型人才的教学目标，本章内容参考造价员基础理论考试内容，研究艺术类学生的学习规律，以尽量浅显易懂的讲述方式，带大家学习一个与其他课程略微不同的领域。

第一节 工程预算基础知识

1. 工程预算的概念

建设工程是人类有组织、有目的、大规模的经济活动。是固定资产再生产过程中形成综合生产能力或发挥工程效益的工程项目。是指为人类生活、生产提供物质技术基础的各类建筑物和工程设施的统称。建设工程涵盖了房屋建筑工程、装饰工程、安装工程、园林景观工程、市政工程、铁路工程、公路工程、水利工程等很多工程。

工程预算就是根据工程设计图纸（设计图和施工图）、工程预算定额（国家定额或地方标准）、费用定额（间接费用定额）、材料预算价格及相关规定，预先计算和确定整个工程所需的全部费用。

工程所需的全部费用即工程的建造价格，也即通常所说的工程造价。由于所处角度不同，工程造价有不同的含义。第一种含义是从项目建设角度提出的，工程造价是指有计划地建设某项工程，预期开支或实际开支的全部固定资产投资和流动资产投资的费用。即工程造价就是工程投资费用。第二种含义是从工程交易或工程承发包角度提出的，工程造价是指为建设某项工程，预计或实际在土地市场、设备市场、技术劳务市场、承包市场等交易活动中，形成的工程承发包价格，即工程的交易价格。它是一个狭义的概念，是建筑市场通过招投标，由需求主体投资者和供给主体建筑商共同认可的价格。

2. 工程预算的特点

工程预算课程涉及比较广泛的经济理论和政策，以及一系列的技术、组织和管理因素，如建筑识图、房屋构造、建筑装饰材料与施工工艺等相关知识。

建设工程是一种特殊的工业产品，表现在生产地点固定、生产过程复杂、周期长、投资大，生产过程受许多因素（如管理水平、技术水平、市场波动）的影响。由于它的特殊性，决定了它的价格的确定不同于一般的工业产品，一般工业产品可以统一定价，而每一项建筑工程价格必须通过建筑市场建设项目的招投标，由投资者与中标企业，即业主与承包商共同商定确定价格。所以，建设工程的预算价格有其自身的特点。

1）大额性

要发挥工程项目的投资效用，因为大部分工程造价都非常昂贵，动辄数百万、数千万，特大的工程项目造价可达百亿人民币。

2）个别性

任何一项工程都有特定的用途、功能和规模。因此，对每一项工程的结构、造型、空间分割、设备配置和内外装饰都有具体的要求，所以工程内容和实物形态都具有个别性、差异性。产品的差异性决定了工程价格的个别性差异。同时，每期工程所处的地理位置也不相同，使这一特点得到了强化。

3）动态性

任何一项工程从决策到竣工交付使用，都有一个较长的建设期间，在建设期内，往往由于不可控制因素的原因，造成许多影响工程造价的动态因素。如设计变更、材料、设备价格、工资标准以及取费费率的调整，贷款利率、汇率的变化，都必然会影响工程费用的变动。所以，工程费用在整个建设期处于不确定状态，直至竣工决算后才能最终确定工程的实际价格。

4）层次性

要直接、准确地计算出建设工程整个项目的总费用，一般难度较大。因此计算工程费用时，根据从局部到整体的计价原则进行分部计算，依次按照建设项目中分项工程、分部工程、单位工程、单项工程的相关费用，分层次汇总方可得出整个项目的总费用。

5）兼容性

首先表现在本身具有的两种含义，其次表现在工程造价构成的广泛性和复杂性，工程造价除建筑安装工程费用、设备及工器具购置费用外，征用土地费用、项目可行性研究费用、规划设计费用、与一定时期政府政策（产业和税收政策）相关的费用占有相当的份额。盈利的构成较为复杂，资金成本较大。

3. 工程预算的分类

由于建设工程施工周期长、投资额巨大、建设周期长、工程内容多样，并且是分段进行的，为适应各施工阶段的费用控制与管理，相应地要在不同阶段计价，多次计价实际上是一个逐步深化与细化的、逐步接近实际费用的过程。因此，工程预算有不同的分类方法：

1）按照工程类别

一般可分为建筑工程预算、装饰工程预算、安装工程预算、园林景观工程预算、市政工程预算、公路工程预算等。其中，装饰工程预算又可以细分为室内装饰工程预算和室外装饰工程预算两种。

2）按照工程规模大小

工程预算可以分为建设项目工程预算、单项工程预算、单位工程预算和分部分项工程预算。由于建设工程具有单件性、新颖性和固定性等特点，其工程费用可比性较小，而且，由于大多数建设工程内容较多、项目较繁杂，因此整体计价和单项计价都非常必要。通常采用将一个内容多、项目较繁杂的建设工程进行逐步分解的方法，将其分解成较为简单、具有统一特征、可以用较为简单的方法来计算其劳动消耗的基本项目，即将整个建设工程一直分解到分项工程项目再进行计价。按照上述思路分解建设工程项目就能达到统一建设工程价格水平的目的，从而解决因其特性而带来的定价困难问题。建设工程的层层分解，可以通过对建设项目划分的过程来描述和理解。建设工程按照其建设管理和建设产品定价的需要，一般可依次划分

为建设项目、单项工程、单位工程、分部工程、分项工程五个层次。如图 1-1-1 所示。

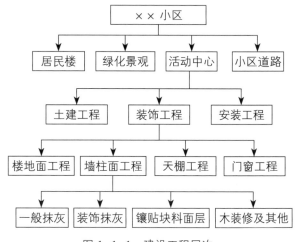

图 1-1-1　建设工程层次

① 建设项目

建设项目一般是在一个总体设计范围内由一个或几个单项工程组成。具体是指在经济上实行独立核算、行政上实行统一管理、具有独立法人资格的企事业单位的建设活动。只要符合这些条件的都可称为一个建设项目，例如一个工厂、一所大学。

② 单项工程

单项工程是建设项目的组成部分。它是指具有独立的设计文件、竣工后可以独立发挥生产能力或使用效益的工程。例如，一所大学的教学大楼、办公大楼、园林景观等，它们分别为独立的单项工程。

③ 单位工程

单位工程是指具有独立的设计文件，能进行独立施工，但建成后不能独立发挥生产能力或使用效益的工程。例如：一栋大楼或一个房间的土建工程、装饰工程、电气照明工程、给排水工程等，它们都是独立的单位工程。

④ 分部工程

分部工程是单位工程的组成部分，一般按工种、工艺、部位及费用性质等因素来划分。以 2002 年建设部颁发的《全国统一建筑装饰装修工程消耗量定额》（GYD-901—2002）为例，建筑装饰工程的分部工程划分为：a. 楼地面工程，b. 墙柱面工程，c. 天棚工程，d. 门窗工程，e. 油漆、涂料、裱糊工程，f. 其他工程，g. 装饰装修脚手架及项目成品保护费，h. 垂直运输及超高增加费。

⑤ 分项工程

分项工程是分部工程的组成部分。按照分部工程的划分原则，再进一步将分部工程划分为若干个分项工程。例如，顶棚工程可以划分为石膏板吊顶、塑料扣板吊顶、矿棉板吊顶、铝合金彩条板吊顶等。

分项工程划分的粗细程度，视具体编制预算的要求而定。实际操作中，一般以单位工程为对象来计算工程费用，由于各个建设工程在数量和内容上并不完全相同，为了解决客观上建设工程价格水平一致的要求，在工程预算的过程中，我们要把每个工程分解到最基本的构造要素—分项工程后进行计价。任何一项建设工程都可以经过多次分解后，成为若干个分项工程。我们只要根据施工图的要求，以分项工程为对象计算工程量和工程费用，再将分项工程费用汇总为分部工程费用，然后把分部工程费用汇总为单位工程费用，就能较好地解决各个建设工程内容不同，而又要求其价格水平保持一致的矛盾。

3）按照不同阶段

一般可分为投资估算、设计概算、施工图预算、施工预算和竣工决算五种形式。

① 投资估算

投资估算是在项目投资决策过程中，依据现有的资料和特定的方法，对建设项目的投资数额进行的估计。它是项目建设前期编制项目建议书和可行性研究报告的重要组成部分，是项目决策的重要依据之一。投资估算的准确与否不仅影响到可行性研究工作的质量和经济评价结果，而且也直接关系到下一阶段设计概算和施工图预算的编制，对建设项目资金筹措方案也有直接的影响。因此，全面准确地估算建设项目的工程造价，是可行性研究乃至整个决策阶段造价管理的重要任务。

② 设计概算

设计概算是建设项目初步设计文件的重要组成部分，它是在投资估算的控制下由设计单位根据初步设计或扩大初步设计的图纸及说明，利用国家或地区颁发的概算指标、概算定额或综合指标预算定额、设备材料预算价格等资料，按照设计要求，概略地计算建筑物

或构筑物价格的文件。其特点是编制工作相对简略，无需达到施工图预算的准确程度。

设计概算是编制建设项目投资计划、确定和控制建设项目投资的依据，也是签订建设工程合同和贷款合同的依据。设计概算还是控制施工图设计和施工图预算的依据，还是衡量设计方案技术经济合理性和选择最佳设计方案的依据，同时也是考核建设项目投资效果的依据。

③ 施工图预算

施工图预算是在施工图设计完成后，工程开工前，根据已批准的施工图纸、现行的预算定额、费用定额和地区人工、材料、设备与机械台班等资源价格，在施工方案或施工组织设计已大致确定的前提下，按照规定的计算程序计算各项费用，确定单位工程造价的技术经济文件。

④ 施工预算

施工预算是施工单位内部编制的一种预算。目的是使施工阶段在施工图预算的控制下，根据施工图计算的工程量、施工定额、单位工程施工组织设计等资料，合理地控制完成一个单位工程或其中的分部工程所需的人工、材料、机械台班消耗量及其相应费用。是施工企业进行工料分析、下达施工任务和进行施工成本管理的依据。

⑤ 竣工决算

竣工决算又称竣工成本决算，是以实物数量和货币指标为计量单位，综合反映竣工项目从筹建开始到项目竣工交付使用为止的全部建设费用、投资效果和财务情况的总结性文件，是考核建设成本的重要依据。通过竣工决算，既能够正确反映建设工程的实际费用和投资结果，又可以通过竣工决算与概算、预算的对比分析，考核投资控制的工作成效，为工程建设提供重要的技术经济方面的基础资料，提高未来工程建设的投资效益。

这五种形式的工程预算，是建设工程从规划设计到竣工完成各阶段的费用计算，它们之间有着内在的联系，如表 1-1-1 所示。

表 1-1-1　　　　　　　　　　　　各阶段工程预算相互联系表

阶段进展名称	规划设计或初步设计阶段	→	施工图设计阶段	→	施工图实施阶段	→	竣工验收阶段
预算名称	工程设计概算		施工图预算		施工预算		竣工决算
图样依据	规划设计图或初步设计图		施工设计图		施工设计图		竣工图
定额依据	概算指标或概算定额	概括	预算定额	包含	施工定额		在施工图预算基础上按实增减

4. 工程预算的作用

通常所讲的工程预算为施工图预算。施工图预算作为一个重要的经济技术文件，不论是对投资方还是对施工企业，甚至是对工程咨询和工程造价管理部门来说，在工程建设实施过程中，都具有十分重要的作用。对于投资方，施工图预算的作用主要体现在以下三个方面：

① 施工图预算是控制造价及资金合理使用的依据。施工图预算确定的预算费用是工程的计划成本，投资方按施工图预算费用筹集建设资金，并控制资金的合理使用。

② 施工图预算是确定工程招标控制价的依据。在设置招标控制价的情况下，建设工程的招标控制价可按照施工图预算来确定。招标控制价通常是在施工图预算的基础上考虑工程的特殊施工措施、工程质量要求、目标工期、招标工程范围以及自然条件等因素进行编制的。

③ 施工图预算是拨付工程款及办理工程结算的依据。

对于工程施工企业，施工图预算的作用主要体现在以下三个方面：

a. 施工图预算是施工企业投标时"报价"的参考依据。在激烈的市场竞争中，施工企业需要根据施工图预算结果，结合企业的投标策略，确定投标报价。

b. 施工图预算是工程预算包干的依据和签订施工合同的主要内容。在采用总价合同的情况下，施工单位通过与建设单位的协商，可在施工图预算的基础上，考虑设计或施工变更后可能发生的费用与其他风险因素，增加一定系数作为工程价格一次性包干。同样，施工企业与建设单位签订合同时，其中的工程价款相关条款也必须以施工图预算为依据。

c. 施工图预算是施工企业安排调配施工力量，组织材料供应的依据。施工单位各职能部门可根据施工图预算编制劳动力供应计划和材料供应计划，并由此做好施工前的准备工作。

d. 施工图预算是施工企业控制成本的依据。根据施工图预算确定的中标价格是施工企业收取工程款的依据，企业只有合理利用各项资源，采取先进技术和管理方法，将成本控制在施工图预算价格之内，才能获得良好的经济效益。

e. 施工图预算是进行"两算"对比的依据。施工企业可以通过施工图预算和施工预算的对比分析，找出工程预算成本与计划成本的差距，采取必要的措施控制工程成本。

第二节 工程费用组成与定额

1. 工程费用组成

按照规定，我国现行建设工程费用主要由四部分组成：直接费、间接费、利润和税金。其具体构成如表1-2-1所示。

表1-2-1 工程费用组成表

费用项目			费用主要内容
直接费	直接工程费	人工费	基本要素是人工工日消耗量和人工单价
		材料费	基本要素是材料消耗量、基价和检验试验费
		机械费	基本要素是机械台班消耗量和台班单价
	措施费	通用措施项目 安全、文明施工费	由环境保护费、临时设施费等组成
		夜间施工增加费	夜班补助费、夜间施工降效、用电等费用
		二次搬运费	因施工场地狭小等特殊情况而发生
		冬、雨季施工增加费	采取保温、防雨措施所增加的费用等
直接费	措施费	通用措施项目 施工排水费	为保证工程在正常条件施工采取的排水措施
		施工降水费	为保证工程在正常条件施工采取的降水措施
		地上、地下设施、建筑物的临时保护设施费	在施工场地搭设临时保护设施发生的费用
		已完工程及设备保护费	竣工验收前对已完工程进行保护所需的费用
		专业措施项目 垂直运输机械费	
		室内空气污染测试费	
间接费	规费	工程排污费	
		社会保障费	养老保险费、失业保险费、医疗保险费
		住房公积金	
		危险作业意外伤害保险	企业为从事危险作业人员支付的保险费
	企业管理费		管理人员工资、办公费、工具用具使用费、差旅交通费、职工教育经费等
利润			施工企业完成所承包工程获得的盈利
税金			营业税、城市维护建设税和教育费附加

1）措施费

① 安全、文明施工费

安全防护、文明施工措施费用，是指国家现行的建设工程施工安全、施工现场环境与卫生标准的有关规定，购置和更新施工安全防护用具及设施、改善安全生产条件和作业环境所需要的费用。一般由环境保护费、文明施工费、安全施工费、临时设施费组成。a. 环境保护费：指正常施工条件下，环保部门按规定向施工单位收取的噪声、扬尘、排污等费用。b. 现场安全文明施工措施费：包括脚手架挂安全网、铺安全竹笆片、洞口五临边及电梯井护栏费用、电气保护安全照明设施费、消防设施及各类标牌摊销费、施工现场环境美化、现场生活卫生设施、施工出入口清洗及污水排放设施、建筑垃圾清理外运等内容。c. 临时设施费：指施工单位为保证工程正常施工所必需的生产和生活用的临时建筑物、构筑物和其他临时设施等费用。临时设施费内容包括：临时设施的搭设、维修、拆除、摊销等费用。

② 夜间施工增加费

指为按规范、规程要求正常作业而发生的照明设施、夜餐补助和工效降低等费用。

③ 二次搬运费

指因施工场地狭小而发生的二次搬运所需的费用。

④ 冬雨季施工增加费

指在冬雨季施工期间，为了确保工程质量，采取保温、防雨措施所增加的材料费、人工费和设施费用，以及因工效和机械作业效率降低所增加的费用。

⑤ 检验试验费

是指根据有关国家标准或施工验收规范要求对建筑材料、构配件和建筑物工程质量检测检验发生的费用。除此以外发生的检验试验费，如已有质保书材料，而建设单位或质监部门另行要求检验试验所发生的费用，及新材料、新工艺、新设备的试验费等应另行向建设单位收取。

⑥ 施工排水、降水费

指施工过程中发生的排水、降水费用。

⑦ 垂直运输机械费

指在合理工期内完成单位工程全部项目所需的垂直运输机械台班费用。

⑧ 脚手架费

指脚手架搭设、加固、拆除、周转材料摊销等费用。

⑨ 已完工程及设备保护费

指对已施工完成的工程和设备采取保护措施所发生的费用。

⑩ 室内空气污染测试费

指对室内空气相关参数进行检测发生的人工和检测设备的摊销等费用。

其他还有如赶工措施费、工程按质论价、特殊条件下的施工增加费等。

2）间接费

建设工程间接费是指虽不直接由施工的工艺过程所引起，但却与工程的总体条件有关，即企业为组织施工和进行经营管理，以及间接为施工生产服务的各项费用。按照现行规定，工程间接费由规费和企业管理费组成。

① 规费

规费是指政府和有关权力部门规定必须缴纳的费用。包括：

a. 工程排污费：是指施工现场按规定缴纳的工程排污费。

b. 社会保障费：是指企业按规定标准为职工缴纳的基本养老保险费、失业保险费和基本医疗保险费。

c. 住房公积金：是指企业按规定标准为职工缴纳的住房公积金。

d. 危险作业意外伤害保险：是指按照建筑法规定，企业为从事危险作业的建筑施工人员支付的意外伤害保险费。

② 企业管理费

企业管理费是指企业组织施工生产和经营管理所需费用，包括：

a. 现场管理人员的基本工资、工资性津贴、流动施工津贴、房租补贴、职工福利费、劳动保护费。

b. 办公费：指现场管理办公用的工具、纸张、账表、印刷、邮电、书报、会议、水、电、燃煤（气）等费用。

c. 差旅交通费：指职工因公出差的旅费、住勤费、补助费、市内交通费和误餐补助费，职工探亲路费、劳动力招募、职工离退休一次性路费、工伤人员就医路费、工地转移费以及现场管理使用的交通工具的泊料、燃料、养路费、牌照费等。

d. 固定资产使用费：指现场管理及试验部门使用的属于固定资产的设备、仪器等的折旧、大修理、维修和租赁费等。

e. 低值易耗品摊销费：指现场管理使用的不属于固定资产的工具、器具、家具、交通工具、检验、试验、测绘、消防用具等的购置、维修和摊销费。

f. 保险费：指施工管理用财产和车辆保险、高空作业等特殊工种的安全保险等费用。

g. 其他费用。

3）利润及税金

建设工程费用中的利润和税金，是建筑企业职工为社会劳动所创造的那部分价值在建筑工程造价中的体现。其中，利润是指施工企业完成所承包工程获得的盈利。税金则是指国家税法规定的应计入建筑工程费用的营业税、城市维护建设税和教育费附加。

以上费用中，现场安全文明施工措施、劳动保险费、工程定额测定费、税金等属于不可竞争费。

2. 预算定额

所谓"定"，就是规定；"额"，就是额度或限度。从广义上理解，定额就是规定的数量标准和费用额度，是一种标准或尺度。不论表现形式如何，定额的基本性质是一种规定的限度，是一种对事、对人、对物、对资金、对时间、对空间在质和量上的规定。

定额的产生和发展与管理科学的产生与发展有着密切的关系。管理成为科学是从泰勒开始的。继泰勒之后，一方面，管理科学从操作方法、作业水平的研究向科学组织的研究上扩展；另一方面，也利用现代自然科学和技术科学的新成果作为科学管理的手段。定额随着管理科学的产生而产生，随着管理科学的发展而发展。建设领域"定额"通常指规定在生产中各种社会必需劳动的消耗量的标准额度。即在合理劳动组织和合理使用材料与机械的条件下，完成一定计量单位合格建筑产品所消耗资源的数量标准。反映出完成某项合格产品与各种生产消耗之间特定的数量关系。工程建设定额由国家指定机构按照一定程序编制、审批和颁发执行。工程定额是一个综合概念，是建设工程计价和管理中各类定额的总称，包括许多种类，可以按照不同的原则和方法对其进行分类。

1）定额的分类

① 按定额反映的生产要素消耗内容分类

可以把工程定额分为劳动消耗定额、材料消耗定额和机械消耗定额三种。

a. 劳动消耗定额。简称劳动定额，也称为人工定额，是指完成一定数量的合格产品（工程实体或劳务）规定活劳动消耗的数量标准。劳动定额的主要表现形式

为时间定额。一个工人工作 8 小时为一个工日，劳动定额就表现为完成一定数量的某合格产品消耗多少个工日。

b. 机械消耗定额。机械消耗定额是以一台机械一个工作班为计量单位，所以又称为机械台班定额。是指为完成一定数量的合格产品（工程实体或劳务）所规定的施工机械消耗的数量标准。正常情况下，一台机械工作 8 小时为一个台班。

c. 材料消耗定额。简称材料定额，是指完成一定数量的合格产品所需消耗的原材料、成品、半成品、构配件、燃料以及水、电等动力资源的数量标准。

② 按定额的用途分类

可以把工程定额分为施工定额、预算定额、概算定额、概算指标和投资估算指标五种。

a. 施工定额。施工定额是施工企业为组织生产和加强管理，在企业内部使用的一种定额，属于企业性质的定额，代表社会平均先进水平。

b. 预算定额。预算定额是在编制施工图预算阶段，以工程中的分项工程或结构构件为编制对象，用来计算工程造价和计算工程中的劳动、机械台班、材料需要量的定额。预算定额代表社会平均水平，是计价定额中常用的一种。从编制程序上看，预算定额是以施工定额为基础综合扩大编制的，它是编制概算定额的基础；同时，也是确定工程造价的重要依据。

c. 概算定额。概算定额是以扩大分项工程或扩大结构构件为对象编制的，计算和确定劳动、机械台班、材料需要量所使用的定额，也是一种计价性定额。概算定额是编制扩大初步设计概算、确定建设项目投资额的依据。

d. 概算指标。概算指标的设定和初步设计的深度相适应，项目划分粗略，比概算定额更加综合扩大，它是以整个建筑物或构筑物为对象，以更为扩大的计量单位编制的。

e. 投资估算指标。它的概略程度与可行性研究阶段相适应，项目划分更加粗略，是编制投资估算、计算投资需要量时使用的一种计价性定额。

上述各种定额的相互联系可参照表 1–2–2。

③ 按编制单位和执行范围分类

工程定额分为全国统一定额、行业统一定额、地区统一定额、企业定额和补充定额五种。

a. 全国统一定额：是由国家建设行政主管部门综合全

表 1-2-2　　　　　　　　　　　　各种定额相互联系表

	施工定额	预算定额	概算定额	概算指标	投资估算指标
对象	工序	分项工程	扩大的分项工程	整个建筑物或构筑物	独立的单项工程或完整的工程项目
用途	编制施工预算	编制施工图预算	编制扩大初步设计概算	编制初步设计概算	编制投资估算
项目划分	最细	细	较粗	粗	很粗
定额水平	平均先进	平均	平均	平均	平均
定额性质	生产性定额	计价性定额			

国工程建设中技术和施工组织管理的情况编制，并在全国范围内执行的定额。

b. 行业统一定额：是考虑到各行业部门专业工程技术特点，以及施工生产和管理水平编制的，一般只在本行业和相同专业性质的范围内使用。

c. 地区统一定额：指各省、自治区、直辖市定额。主要是考虑地区性特点对全国统一定额水平作适当调整和补充编制的。

d. 企业定额：是由施工企业考虑本企业具体情况，参照国家、部门或地区定额的水平制定的定额。企业定额只在企业内部使用，是企业素质的一个标志。企业定额水平一般要高于国家和行业现行定额，才能满足生产技术发展、企业管理和市场竞争的需要。在工程量清单计价模式下，企业定额作为施工企业进行建设工程投标报价的计价依据，正发挥着越来越大的作用。

e. 补充定额：是指随着设计、施工技术的发展，现行定额不能满足需要的情况下，为了补充缺陷所编制的定额。补充定额只能在指定的范围内使用，可以作为以后修订定额的基础。

上述各种定额虽然适用于不同的情况和用途，但是，它们是一个互相联系的、有机的整体，在实际操作中通常配合使用。

2）定额的特点

① 科学性和实践性

定额的制定来源于施工企业的实践，又服务于施工企业。它是在调查、研究施工过程的客观规律基础上，在共同性与特殊性的研究实践中，根据施工过程中消耗的人工、材料、施工机具及其单价费用的数量，和各地区的实际情况，以及在施工过程中的施工技术应用与发展制定出来的。因此，定额具有合理的工作时间、资源消耗以及科学的操作方法，在生产实践中，具有一定的科学性和实践性。

同时，施工企业在生产实践中，参照定额可以采取有效措施提高施工企业的管理水平，促进生产发展，最大限度地提高施工企业的经济效益和社会效益。

② 法令性和指导性

定额是由国家各级建设部门制定、颁发并供所属设计、施工企业单位使用，在执行范围内任何单位与企业必须遵守执行的法令性政策文件。任何单位与企业不得随意更改其内容和标准，如需修改、调整和补充，必须经主管部门批准，下达相应文件。定额统一了资源消耗的标准，便于国家各级建设主管部门对工程设计标准和企业经营水平进行统一的考核和有效监督。

定额的法令性，也决定了它在我国社会主义市场经济的环境下在一定范围内具有某种程度的指导性。同时，定额本身还具有一定的灵活性，有些项目是根据现行规范规定制定的，但各地区可按当地材料质量、价格的实际情况进行调整。

③ 稳定性与时效性

定额中的任何一种都是一定时期技术发展和管理水平的反映，因而在一段时间内都表现出稳定的状态。稳定的时间有长有短，一般在 5～10 年。保持定额的稳定性是维护定额的指导性所必需的，更是有效地贯彻定额所必要的。如果某种定额处于经常修改和变动之中，那么必然造成执行中的困难和混乱，很容易导致定额指导作用的丧失。工程定额的不稳定也会给定额的编制工作带来极大的困难。但是工程定额的稳定性是相对的。当生产力向前发展时，定额就会与生产力不相适应，这样，它原有的作用就会逐步减弱以至消失，这时就需要重新编制和修订。

第三节　相关制度和法规

1. 相关制度

1）建设工程造价人员执业资格制度

1996 年 8 月，人事部、建设部联合发布了《造价工程师执业资格制度暂行规定》，明确国家在工程造价领域实施造价工程师执业资格制度。凡从事工程建设活动的建设、设计、施工、工程造价咨询、工程造价管理等单位和部门，必须在计价、评估、审核（查）、控制及管理等岗位配备具有造价工程师执业资格的专业技术人员。

目前，在我国从事与工程造价相关工作的人员，主要有国家注册造价工程师和造价员以及省级注册的各专业造价员。在省级造价员管理方面，各省之间有一定的差别，比如有些省造价员不分等级，而江苏省造价员分初、中、高三个等级；有些省造价员专业划分和国家造价员一样，分土建和安装两个专业，有些省则划分更细一些，如江苏省造价员分为土建、装饰、安装和市政四个专业。造价师和造价员实行注册执业管理制度，即必须通过国家或地方造价工程师或造价员执业资格统一考试或者资格认定等，取得执业资格，并按有关规定注册，取得注册证书和执业印章，方可从事相关工作。

① 造价工程师执业资格考试

造价工程师执业资格考试实行全国统一大纲、统一命题、统一组织的办法。原则上每年举行一次。凡中华人民共和国公民，遵纪守法并具备以下条件之一者，均可申请参加造价工程师执业资格考试：

a. 工程造价专业大专毕业，从事工程造价业务工作满 5 年；工程或工程经济类大专毕业，从事工程造价业务工作满 6 年。

b. 工程造价专业本科毕业，从事工程造价业务工作满 4 年；工程或工程经济类本科毕业，从事工程造价业务工作满 5 年。

c. 获上述专业第二学士学位或研究生班毕业和获硕士学位，从事工程造价业务工作满 3 年。

d. 获上述专业博士学位，从事工程造价业务工作满 2 年。

通过造价工程师执业资格考试合格者，由省、自治区、直辖市人事（职改）部门颁发造价工程师执业资格证书，该证书全国范围内有效，并作为造价工程师注册的凭证。

造价工程师执业资格考试分四个科目：《工程造价管理基础理论与相关法规》、《工程造价计价与控制》、《建设工程技术与计量》、《工程造价案例分析》。其中《建设工程技术与计量》分为"土建"与"安装"两个子专业，报考人员可根据工作实际选报其一。

② 造价工程师须知

依据《注册造价工程师管理办法》（中华人民共和国建设部令第 150 号，自 2007 年 3 月 1 日起施行）第三章，通过全国造价工程师执业资格统一考试或者资格认定、资格互认，取得中华人民共和国造价工程师执业资格，并取得中华人民共和国造价工程师注册执业证书和执业印章，从事工程造价活动的专业人员（以下简称注册造价工程师）具有下列权利和义务：

a. 注册造价工程师享有下列权利：
- 使用注册造价工程师名称；
- 依法独立执行工程造价业务；
- 在本人执业活动中形成的工程造价成果文件上签字并加盖执业印章；
- 发起设立工程造价咨询企业；
- 保管和使用本人的注册证书和执业印章；
- 参加继续教育。

b. 注册造价工程师应当履行下列义务：
- 遵守法律、法规、有关管理规定，恪守职业道德；
- 保证执业活动成果的质量；
- 接受继续教育，提高执业水平；
- 执行工程造价计价标准和计价方法；
- 与当事人有利害关系的，应当主动回避；
- 保守在执业中知悉的国家秘密和他人的商业、技术秘密。

c. 注册造价工程师应当在本人承担的工程造价成果文件上签字并盖章。

d. 修改经注册造价工程师签字盖章的工程造价成果文件，应当由签字盖章的注册造价工程师本人进行；注册造价工程师本人因特殊情况不能进行修改的，应当由其他注册造价工程师修改，并签字盖章；修改工程造价成果文件的注册造价工程师对修改部分承担相应的法律责任。

e. 注册造价工程师不得有下列行为：

● 不履行注册造价工程师义务；

● 在执业过程中，索贿、受贿或者谋取合同约定费用外的其他利益；

● 在执业过程中实施商业贿赂；

● 签署有虚假记载、误导性陈述的工程造价成果文件；

● 以个人名义承接工程造价业务；

● 允许他人以自己名义从事工程造价业务；

● 同时在两个或者两个以上单位执业；

● 涂改、倒卖、出租、出借或者以其他形式非法转让注册证书或者执业印章；

● 法律、法规、规章禁止的其他行为。

f. 造价工程师注册的有效期为 3 年。

③ 造价员执业资格考试

取得造价员初、中级水平资格证需通过全省组织的统一考试。造价员资格考试一般每两年举行一次。考试内容为《工程造价基础知识》和《工程计量与计价实务》（案例）两个科目。高级水平资格证取得采取本人申请，单位推荐，案例考试，省评审委员会认定相结合的方式进行。造价员资格考试合格者，由各省管理机构颁发由中国建设工程造价管理协会统一印制的《全国建设工程造价员资格证书》及专用章。

凡遵纪守法，恪守职业道德者，无不良从业记录，年龄在 60 周岁以下，可按以下条件申请报考：

a. 报考初级水平应具备下列条件之一：

● 工程造价专业中专及以上学历；

● 其他专业中专（或高中）及以上学历，从事工程造价工作满一年。

b. 报考中级水平应具备下列条件之一：

● 取得初级水平证书，近两年至少有两项工程造价方面的业绩；

● 具有工程造价专业或工程经济专业大专及以上学历，从事工程造价工作满两年。

c. 申报高级水平应同时具备下列条件：

● 具有中级造价员资格四年以上；

● 具有中级以上技术职称；

● 近两年在工程造价编审，管理，理论研究，著书教学等方面有显著业绩。

d. 造价员从业须知：造价员必须受聘于一个工作单位，并可以从事以下与专业水平相符合的工程造价业务：

● 高级水平：可以从事各类建设项目相关专业工程造价的编制、审核和控制；

● 中级水平：可以从事工程造价 5000 万元人民币以下建设项目的相关专业工程造价编制、审核和控制；

● 初级水平：可以从事工程造价 1500 万元人民币以下建设项目的相关专业工程造价编制。

造价员应当在本人承担的相关专业工程造价业务文件上签名和盖造价员专用章，并承担相应的岗位责任。

造价员须进行自律管理。造价员应遵守国家法律、法规和行业技术规范，维护国家和社会公共利益，恪守职业道德，诚实守信，保证工程造价业务文件的质量，接受工程造价管理机构的从业行为检查。由于造价员本人行为过错给单位或当事人造成重大经济损失，或者造价员发生以下禁止行为且情节严重的，由省级管理机构注销造价员资格证：

a. 以欺骗、作弊的手段取得资格证书或私自涂改资格证书；

b. 同时在两个（含两个）以上单位从业；

c. 允许他人以自己名义从业或转借专用章；

d. 违反法律、法规、政府计价规定和诚信原则编制工程造价文件；

e. 故意泄露从业过程中获取的当事人商业和技术秘密；

f. 与当事人串通牟取不正当利益；

g. 超越资格等级从事工程造价业务；

h. 法律、法规禁止的其他行为。

④ 国外造价工程师执业资格制度简介

在英国，造价人员执业资格的考试与认证制度始于1891 年，其考试、审核和实施是通过专业学会或协会负责的。造价工程师称为工程测量师，被认为是工程建设领域的经济师，在工程建设全过程中，按照既定工程项目确定投资，在实施的各阶段、各项活动中控制造价，使最终造价不超过规定投资额。不论受雇于政府还是企事业单位的测量师都是如此，社会地位很高。

美国的造价工程师执业资格考试由前身为美国造价工程师协会的美国国际工程师造价促进会于 1976 年创立，较英国及一些英联邦国家成立的时间迟了很多，但其发展速度较快。在专业理论、研究和实际应用等方面，在学习和借鉴英国工程造价的基础上，按照市场的实际需要不断调整和改进自身的专业内容和标准，使其在世界同行中的地位和影响力越来越大。

此外，日本作为当今建筑业较为发达的国家之一，一直非常重视工程造价专业人员的准入管理。在日本，工程造价师被称为建筑积算师。

2）工程造价咨询管理制度

工程造价咨询是指工程造价咨询机构面向社会接受委托，承担建设工程项目可行性研究、投资估算、项目经济评价，工程概算、预算、结算、竣工决算，工程招标限价、投标报价的编制和审核，对工程造价进行监控以及提供有关工程造价信息资料等业务的咨询服务工作。工程造价咨询企业资质等级分为甲级、乙级。

我国工程造价咨询业是随着市场经济体制建立逐步发展起来的。在计划经济时期，国家以指令性的方式进行工程造价管理，并且培养和造就了一大批工程造价人员，进入 20 世纪 90 年代中期以后，投资多元化以及《招标投标法》的颁布实施，工程造价更多的是通过招标投标竞争定价。在这种市场环境下，客观上要求有专门从事工程造价管理咨询的机构提供专业化的咨询服务。为了规范工程造价管理中介组织的行为，建设部先后颁发了一系列相关文件。近十年来，工程造价咨询单位的发展迅速，截至 2008 年，全国已有造价咨询单位 5000 多家，其中甲级工程造价咨询单位近 1300 家。

3）工程造价管理体制

我国的工程造价管理体制建立于新中国成立初期，当时实行与计划经济相适应的概预算定额制度，至今已经历了五个阶段的发展。随着我国经济水平的提高和经济结构的日益复杂，计划经济的内在弊端逐步暴露出来，传统的与计划经济相适应的概预算定额管理，实际上是用来对工程造价实行行政指令的直接管理，遏制了竞争，抑制了生产者和经营者的积极性与创造性。市场经济虽然有其弱点和消极的方面，但能适应不断变化的社会经济条件而发挥优化资源配置的基础作用。因而，在总结十多年改革开放经验的基础上，由"统一量，指导价，竞争费"到实行工程量清单模式后，逐步形成了"政府宏观调控，企业自主报价，市场形成价格，加强市场监管"的工程造价管理模式。

① 工程造价管理的含义

工程造价有两种含义，相应地，工程造价管理也有两种含义：一是建设工程投资费用管理；二是工程价格管理。工程造价计价依据的管理和工程造价专业队伍建设的管理则是为这两种管理服务的。

作为建设工程的投资费用管理，它属于工程建设投资管理范畴。工程建设投资费用管理，是指为了实现投资的预期目标，在撰写的规划、设计方案的条件下，预测、计算、确定和监控工程造价及其变动的系统活动。

工程价格管理属于价格管理范畴。在微观层次上，是生产企业在掌握市场价格信息的基础上，为实现管理目标而进行的成本控制、计价、定价和竞价的系统活动。在宏观层次上，是政府根据社会经济的要求，利用法律手段、经济手段和行政手段对价格进行管理和调控，以及通过市场管理规范市场主体价格行为的系统活动。

② 工程造价管理的意义和目的

我国是一个资源相对缺乏的发展中国家，为了保持适当的发展速度，需要投入更多的建设资金，而筹措资金很不容易也很有限。因此，从这一基本国情出发，如何有效地利用投入建设工程的人力、物力、财力，以尽量少的劳动和物质消耗，取得较高的经济和社会效益，保持我国国民经济持续、稳定、协调发展，就成为十分重要的问题。

工程造价管理的目的不仅在于控制项目投资不超过批准的造价限额，更在于坚持倡导艰苦奋斗、勤俭建国的方针，从国家的整体利益出发，合理使用人力、物力、财力，取得最大投资效益。

我国工程造价管理体制改革的最终目标是逐步建立以市场形成价格为主的价格机制。

③ 工程造价管理的组织

工程造价管理组织是指保证实现工程造价管理目标的有机群体，可适当进行与造价管理组织功能相关的有效组织活动。具体来说，主要是指国家、地方、机构和企业之间管理权限及职责范围的划分。

④ 工程造价管理的内容

工程造价管理包括工程造价合理确定和有效控制两个方面。

工程造价的合理确定，就是在工程建设的各个阶段，采用科学计算方法和切实实际的计价依据，合理确定投资估算、设计概算、施工图预算、承包合同价、结算价及竣工决算等。

工程造价的合理确定是控制工程造价的前提和先决条件。没有工程造价的合理确定，也就无法进行工程造价控制。

工程造价的有效控制是指在投资决策阶段、设计阶段、建设项目发包阶段和建设工程实施阶段，把建设工程造价的发生控制在批准的造价限额之内，随时纠正发生的偏差，以保证项目管理目标的实现，以求在各个建设项目中能合理使用人力、物力、财力，取得较好的投资效益和社会效益。

2. 相关法律法规

造价人员的工作关系到国家和社会公众利益，根据建设工程造价人员的专业特点和能力要求，不但对其专业素质和身体素质要求较高，还要具有良好的职业道德。同时，必须辅以相关的法律法规，才能使我国工程造价领域更好地服务于国民经济的发展。

广义的法律是指由国家制定或认可，体现统治阶级意志，以国家强制力保证实施的具有普遍约束力的行为规范的总和，包括法律、法令、条规、规则、规定、决议、决定、命令等。狭义的法律指拥有立法权的国家机关依照立法程序制定和颁布的规范性文件，是法律主要具体表现形式。在我国，只有全国人民代表大会及其常务委员会依照立法程序制定和颁布的规范性文件才称法律。

我国的法律形式有宪法、法律、行政法规、地方性法规和行政规章等。宪法是我国的根本大法，是国家的总章程，在法律体系中具有最高的法律地位和法律效力，是最主要的法律渊源。

人与人之间的社会关系为法律规范调整时，所形成的权利和义务的关系叫法律关系，任何法律关系均由主体、客体、内容三要素构成。当法律关系的主体不履

行某一法律规定的义务，根据不同类别的法律，可以分为不同类别的法律责任，一般为行政法律责任、民事法律责任、刑事法律责任和经济法律责任四种。

我国《民法通则》规定，法人是具有民事权利能力和民事行为能力，依法独立享有民事权利和承担民事义务的组织。

法人是相对于自然人而言的社会组织，作为一个社会组织，必须具备法定条件才能成为法人。法人具备的四个条件是：依法成立，有必要的财产和经费，有自己的名称、组织机构和场所，能够独立承担民事责任。

建设工程合同的主体只能是法人。

1）建筑法

《建筑法》是指调整建筑活动的法律规范的总称。建筑活动是指各类房屋及其附属设施的建造和与其配套的线路、管道、设备和安装活动。

建筑法的立法目的：《建筑法》第1条规定："为了加强对建筑活动的监督管理，维护建筑市场秩序，保证建筑工程的质量和安全，促进建筑业健康发展，制定本法。"

① 建筑工程许可制度

新建、扩建、改建的建设工程，建设单位必须在开工前向建设行政主管部门或其授权的部门申请领取建筑工程施工许可证。

② 建筑工程从业者资格

从事建设工程活动的企业和单位，应当向工商行政管理部门申请设立登记，并由建设行政主管部门审查，颁发资格证书。从事建设工程活动的人员，要通过国家任职资格考试、考核，由建设行政主管部门注册并颁发资格证书。

建设工程从业的经济组织包括：建设工程总承包企业，建设工程勘察、设计单位，建设施工企业，建设工程监理单位，法律、法规规定的其他企业或单位。以上组织应具备下列条件：

a. 有符合国家规定的注册资本；

b. 有与其从事的建筑活动相适应的具有法定执业资格的专业技术人员；

c. 有从事相关建筑活动所应有的技术装备；

d. 法律、行政法规规定的其他条件。

建筑工程的从业人员包括：建筑师，建造师，结构工程师，监理工程师，造价工程师，法律、法规规定的其他人员。

建设工程从业者资格证件，严禁出卖、转让、出借、涂改、伪造；违反上述规定的，将视具体情节，追究法律责任；建设工程从业者资格的具体管理办法，由国务院及建设行政主管部门另行规定。

③ 建设工程发包与承包制度

《建筑法》规定："政府及其所属部门不得滥用行政权力，限定发包单位将招标发包的建筑工程发包给指定的承包单位。""提倡对建筑工程实行总承包，禁止将建筑工程肢解发包。"

承发包的模式主要分三个方面，一是工程如何发包，即采用直接委托还是招标，招标投标是目前实现建设工程承发包关系的主要途径；二是采取何种合同类型，即采用固定总价合同还是单价合同等；三是工程如何"分标"，即采用总承包还是分项承包等。以下主要简单介绍承发包模式的第三方面内容：

a. 平行承发包：业主将工程项目的设计或施工任务经过分解分别发包给若干个设计或施工单位，分别与各方签订合同。若干个承包商承包同一工程的不同分项，各承包商与业主签订分项承包合同。各设计单位或施工单位之间的关系是平行的。

b. 设计或施工总分包：设计或施工总分包是业主将全部设计或施工的任务发包给一个设计单位或一个施工单位作为总包单位，总包单位可以将其任务的一部分再分包给其他分包单位，形成一个设计主合同或一个施工主合同以及若干个分包合同的结构模式。

c. 设计施工一揽子承包：这种模式发包的工程也称"交钥匙工程"、项目总承包。业主将工程设计、施工、材料和设备采购等一系列工作全部发包给一家公司，由其进行实质性设计、施工和采购工作，最后向业主交出一个达到使用条件的工程项目。适用于简单、明确的常规性工程和一些专业性较强的工业建筑工程。国际上实力雄厚的科研、设计、施工一体化公司更是从一条龙服务中直接获得项目。

d. 工程项目总承包管理：工程项目总承包管理指业主将项目设计和施工主要部分发包给专门从事设计和施工组织管理单位，再由他分包给若干个设计、施工和

材料设备供应厂家，并对他们进行项目管理。

e. 设计和施工单位组成联合体总承包：设计和施工单位组成联合体总承包指业主与一个由若干个设计单位或由若干个施工单位组成的联合体进行签约，将工程项目设计、施工任务分别发包给设计、施工联合体。联合体资质以其成员中资质最低者为准。一般联合体对外要有一明确的代表，业主与这个代表签订承包合同，这个代表即联合体内部的负责人，负责承包合同的履行。

业主选择联合体时应综合考虑联合体内各成员的技术、管理、经验、财务及信誉等，同时应加强联合体内部的相互协调。

④ 建筑工程监理制度

《建筑法》第30条规定："国家推行建筑工程监理制度。"所谓建筑工程监理，是指具有相应资质条件的工程监理单位受建设单位委托，依照法律、行政法规及有关的技术标准、设计文件和建筑工程承包合同，对承包单位在施工质量、建设工期和建设资金使用等方面，代表建设单位实施的监督管理活动。

实行监理的建筑工程，建设单位与其委托的工程监理单位应当建立书面委托监理合同。

工程监理单位应当根据建设单位的委托，客观、公正地执行监理任务。各地区对必须实行监理的工程在限额上略有不同，江苏省辖区内下列工程必须实行监理，其他建设工程项目鼓励实施监理。

a. 大、中型工程和重点建设工程项目；

b. 重要的市政、公用工程项目；

c. 高层建筑、三幢以上（含三幢）成片住宅或单体2000平方米以上的住宅工程项目；

d. 国有、集体资产参与投资的且项目总投资在500万元以上的建设工程项目，和200万元以上的装饰装修工程项目；

e. 外资、中外合资、国外贷款、赠款、捐款建设的工程项目。

⑤ 建设工程质量与安全生产制度

2000年1月30日国务院颁发的《建设工程质量管理条例》（第279号令）明确规定了建设工程各参与方的质量责任和义务。包括建设单位的质量责任和义务，

勘察、设计单位的质量责任和义务，施工单位的质量责任和义务，工程监理单位的质量责任和义务等，还明确规定了对于损害赔偿的期限、责任范围和法律后果等。

⑥ 建筑安全生产管理制度

建筑安全生产管理，指建设行政主管部门、建筑安全监督管理机构、建筑施工企业及有关单位对建筑生产过程中的安全工作进行计划、组织、指挥、控制、监督等一系列的管理活动。其目的在于保证建筑工程安全和建设职工以及相关人员的人身安全。

《建筑法》第 36 条明确规定："建筑工程安全生产管理必须坚持安全第一、预防为主的方针，建立健全安全生产的责任制度和群防群治制度。"

⑦ 担保制度

担保，合同当事人双方为了使合同能够得到全面按约履行，根据法律、行政法规的规定，经双方协商一致而采取的一种具有法律效力的保护措施。《担保法》规定的担保方式有五种：即保证、抵押、质押、留置和定金。

⑧ 保险制度

保险是一种受法律保护的分散危险、消化损失的经济制度。危险可分为财产危险、人身危险和法律责任危险三种。

工程保险包括建筑工程一切险、安装工程一切险和机器保险等种类。

⑨ 代理制度

代理是指代理人以被代理人的名义，并在其授权范围内向第三人做出意思表示，所产生的权利和义务直接由被代理人享有和承担的法律行为。一般分为委托代理、指定代理和法定代理三种。在建筑业活动中，主要发生的是委托代理。

行为人没有代理权或超越代理权限而进行的"代理"活动，称为无权代理。

2）合同法

《合同法》中的合同是指平等主体的自然人、法人、其他组织之间设立、变更、终止民事权利义务关系的协议。

当事人订立合同，应当具有相应的民事权利能力和民事行为能力。当事人依法可以委托代理人订立合同。合同的形式有书面形式、口头形式和其他形式。合同的内容由当事人约定，一般包括：当事人的名称或姓名和住所，标的，数量，质量，价款或报酬，履行的期限、地点和方式，违约责任，解决争议的方法。

当事人订立合同，需要经过要约和承诺两个阶段。采用合同书形式订立合同时，自双方当事人签字或者盖章时合同成立。承诺生效的地点为合同成立的地点。依法成立的合同，自成立时生效，或者根据合同的附条件和附期限确定合同生效和失效。若合同内容和形式违反了法律、行政法规的强制性规定，或者损害了国家利益、集体利益、第三人利益和社会公共利益，因而不为法律所承认和保护，不具有法律效力的合同为无效合同。

合同生效后，当事人就质量、价款或者报酬、履行地点等内容没有约定或者约定不明确的，可以协议补充；不能达成补充协议的，按照合同有关条款或者交易习惯确定。合同履行的原则主要包括全面适当履行原则和诚实信用原则。

合同当事人之间对合同履行状况和合同违约责任承担等问题所产生的意见分歧称为合同争议。合同争议的解决方式有和解、调解、仲裁或者诉讼。

3）招标投标法

我国自 2000 年 1 月 1 日起实施《招标投标法》，规定在中华人民共和国境内，进行下列工程建设项目（包括项目的勘察、设计、施工、监理以及与工程有关的重要设备、材料等的采购），必须进行招标：

a. 大型基础设施、公用事业等关系社会公共利益、公众安全的项目；

b. 全部或者部分使用国有资产投资或者国家融资的项目；

c. 使用国际组织或者外国政府贷款、援助资金的项目。

各地区根据情况可以制定更为详细的标准，如江苏省规定，依法必须招标的建设工程项目规模标准为：

a. 勘察、设计、监理等服务的采购，单项合同估算价在 30 万元人民币以上的；

b. 施工合同估算价在 100 万元人民币以上或者建筑

面积在 2000 平方米以上的；

c. 重要设备和材料等货物的采购，单项合同估算价在 50 万元人民币以上的；

d. 总投资在 2000 万元人民币以上的。

招标分公开招标和邀请招标两种方式。招标人应当根据招标项目的特点和需要编制招标文件。招标文件应当包括招标项目的技术要求、对招标人资格审查的标准、投标报价要求和评标标准等所有实质性要求和条件以及拟签订合同的主要条款。

投标人应当具备承担招标项目的能力，且应根据招标文件编制和提交投标文件。

开标应当在招标人的主持下，在招标文件确定的提交投标文件截止时间的同一时间、招标文件中预先确定的地点公开进行。经评标委员会评标确定中标人。

4）价格法

《价格法》中的价格，包括商品价格和服务价格。大多数商品和服务价格实行市场调节，只有极少数商品和服务价格实行政府指导价和政府定价。我国的价格管理机构是县级以上各级政府价格主管部门和其他有关部门。

① 经营者的价格行为

经营者享有如下权利：a. 自主制定属于市场调节的价格；b. 在政府指导价规定的幅度内制定价格；c. 制定属于政府指导价、政府定价产品范围内的新产品的试销价格，特定产品除外；d. 检举、控告侵犯其依法自主定价权利的行为。

② 经营者违规行为

经营者不得有下列不正当行为：a. 相互串通，操纵市场价格，侵害其他经营者或消费者的合法权益；b. 除降价处理鲜活、季节性、积压商品外，为排挤对手或独占市场，以低于成本的价格倾销，扰乱正常的生产经营秩序，侵害国家权益或者其他经营者的合法权益；c. 捏造、散布涨价信息，哄抬价格，推动商品价格过高上涨；d. 利用虚假或使人误解的价格手段，诈骗消费者或其他经营者与其进行交易；e. 对具有同等交易条件的其他经营者实行价格歧视等。

③ 政府的定价行为

a. 政府定价的商品：对下列商品和服务的价格，政府在必要时可以实行政府指导价和政府定价：a）与国民经济和人民生活关系重大的极少数商品价格；b）资源稀缺的少数商品价格；c）自然垄断经营的商品价格；d）重要的公用事业价格；e）重要的公益性服务价格。

b. 定价目录：政府指导价、政府定价的定价权限和具体适用范围，以中央或地方的定价目录为依据。中央定价目录由国务院价格主管部门制订、修订，报国务院批准后公布。地方定价目录由省、自治区、直辖市人民政府价格主管部门按照中央定价目录规定的定价权限和具体适用范围制定，经本级人民政府审核同意，报国务院价格主管部门审定后公布。省、自治区、直辖市人民政府以下各级人民政府不得制定定价目录。

c. 定价依据

政府应当依据有关商品或者服务的社会平均成本和市场供求状况、国民经济与社会发展要求以及社会承受能力，实行合理的购销差价、批零差价、地区差价和季节差价。制定关系群众切身利益的公用事业价格、公益性服务价格、自然垄断经营的商品价格时，应当建立听证会制度，征求消费者、经营者和有关方面的意思。

5）土地管理法

① 土地所有权

我国实行土地的社会主义公有制，即全民所有制和劳动群众集体所有制。全民所有是指国家所有土地的所有权由国务院代表国家行使。城市市区的土地属于国家所有。宅基地和自留地、自留山，以及除由法律规定属于国家所有的以外，农村和城市郊区的土地，属于农民集体所有。国家为了公共利益的需要，可以依法对土地实行征收或者征用并给予补偿。

② 土地使用权

国有土地和农民集体所有的土地，可以依法确定给单位和个人使用。单位和个人依法使用的国有土地，由县级以上人民政府登记造册，核发证书，确定使用权。其中，中央国家机关使用的国有土地的具体登记发证机关，由国务院确定。用于非农业建设的农民集体所有的土地，由县级人民政府登记造册，核发证书，确定建设用地使用权。依法改变土地权属和用途，应当办理土地变更登记手续。

③ 建设用地

除兴办乡镇企业、村民建设住宅和乡（镇）公共设施、公益事业建设外，任何单位的个人进行建设，需要使用土地的，必须依法申请使用国有土地，即国家所有的土地和国家征收原属于农民集体的土地。涉及农用地转为建设用地，应当办理农用地转用审批手续。征收下列土地的，由国务院批准：a. 基本农田；b. 基本农田以外的耕地超过 30 公顷的；c. 其他土地超过 70 公顷的。征收上述规定以外的土地，由省、自治区、直辖市人民政府批准，并报国务院备案。国家征收土地，依照法定程序批准后，由县级以上地主人民政府予以公告并组织实施。经批准的建设项目需要使用国有建设用地，建设单位应当持法律、行政法规规定的有关文件，向有批准权的县级以上人民政府土地行政主管部门提出建设用地申请，经土地行政主管部门审查，报本级人民政府批准。

6）标准化法

标准分国家标准、行业标准、地方标准和企业标准四级。其中，国家标准由国务院标准化主管部门制定，行业标准由国务院有关主管部门制定，地方标准由省、自治区、直辖市标准化主管部门制定，企业标准由企业自己制定。国家鼓励积极采用国际标准。

国家标准、行业标准又可分为强制性标准和推荐性标准。保障人体健康，人身财产安全的标准和法律、法规规定强制执行的标准，为强制性标准。其他标准是推荐性标准。强制性标准必须执行，推荐性标准，国家鼓励企业自愿采用。

7）保险法

保险是指投保人根据合同约定，向保险人支付保险费，保险人对于合同约定的可能发生的事故因其发生所造成的财产损失承担保险赔偿金责任，或者当被保险人死亡、伤残、疾病或达到合同约定的年龄、期限时，承担给付保险金责任的商业保险行为。保险合同是指投保人与保险人（即保险公司）约定保险权利义务关系的协议。投保人即与保险人订立保险合同，并支付保险费的人。被保险人指其财产和人身受保险合同保障，享有保险金请求权的人，投保人可以为被保险人。受益人是指人身保险合同中由被保险人或者投保人指定的享有保险金请求权的人。投保人、被保险人可以为受益人。

8）税法

近年来，我国制定了一系列有关税收方面的法律法规，如《税收征收管理法》、《企业所得税法》、《个人所得税法》等。

从事生产、经营的企业、个体工商户和事业单位要在领取营业执照之日起 30 日内，持有关证件，向税务机关申报办理税务登记；取得税务登记证件后，在银行或其他金融机构开立基本存款账户和其他存款账户，并将其全部账号向税务机关报告；纳税人要按照有关法规，设置和保管账簿，根据合法、有效的凭证记账，进行核算。

税率是应纳税额与计税基数之间的数量关系和比例，是计算税额的尺度。我国现行税率有三种，即比例税率、累计税率和定额税率。

根据征税对象区分，税收可分为流转税、所得税、财产税、行为税、资源税五类。流转税主要包括增值税、消费税、营业税、关税、城市维护建设税等。

思考与练习

一、单选题

1. 预算定额是按照（　　）编制的。

　　A. 行业平均水平　　　　B. 社会平均水平

　　C. 行业平均先进水平　　D. 社会平均先进水平

2. 最能反映一个项目准确工程量的图纸是（　　）

　　A. 规划设计图　　　　　B. 初步设计图

　　C. 施工设计图　　　　　D. 竣工图

3. 一个建设项目往往包含多项能够独立发挥生产能力和工程效益的单项工程，一个单项工程又由多个单位工程组成。这体现了工程造价的（　　）特点。

　　A. 个别性　　　　　　　B. 差异性

　　C. 层次性　　　　　　　D. 动态性

4. 顶棚涂料工程属于下列哪种工程：（　　）

　　A. 分部工程　　　　　　B. 分项工程

　　C. 单位工程　　　　　　D. 单项工程

5. 预算定额是由（　　）组织编制、审批并颁发执行。

　　A. 国家主管部门或其授权机关

　　B. 国家发展改革委员会

　　C. 国家技术管理局

　　D. 以上均可

6. 施工图预算的编制依据是（　　）
    A. 概算指标　　　　　　B. 概算定额
    C. 预算定额　　　　　　D. 施工定额

7. 某大学实训楼装修属于下列哪个层次的工程（　　）
    A. 单项工程　　　　　　B. 单位工程
    C. 分部工程　　　　　　D. 分项工程

8. 安全防护、文明施工措施费用不包括（　　）
    A. 工程排污费　　　　　B. 环境保护费
    C. 临时设施费　　　　　D. 安全施工费

9. 建设工程费中的税金是指（　　）
    A. 营业税、增值税和教育费附加
    B. 营业税、固定资产投资方向调节税和教育费附加
    C. 营业税、城乡维护建设税和教育费附加
    D. 营业税、教育费附加

10. 组成分部工程的元素是（　　）
    A. 单项工程　　　　　　B. 建设项目
    C. 单位工程　　　　　　D. 分项工程

11. 工程项目建设的正确顺序是（　　）
    A. 设计、决策、施工　　B. 决策、施工、设计
    C. 决策、设计、施工　　D. 设计、施工、决策

12. 标准分国家标准、行业标准、地方标准和企业标准四级。其中，国家鼓励积极采用（　　）。
    A. 国家标准　　　　　　B. 国际标准
    C. 行业标准　　　　　　D. 企业标准

13. 建筑安装工程施工中工程排污费属于（　　）
    A. 直接工程费　　　　　B. 现场管理费
    C. 规费　　　　　　　　D. 措施费

14. 已完工程及设备保护费属于（　　）
    A. 定额直接费　　　　　B. 临时设施费
    C. 其他项目费　　　　　D. 措施费

15. 项目部公车的汽油费属于下列哪项费用（　　）
    A. 企业管理费　　　　　B. 规费
    C. 措施费　　　　　　　D. 其他项目费

二、多选题

1. 以下费用中，属于措施费的有（　　）。
    A. 工具用具使用费　　　B. 脚手架费
    C. 施工排水、降水费　　D. 材料运输费
    E. 环境保护费

2. 下列装饰装修工程项目，必须实行监理的项目有（　　）。
    A. 某企业出资 600 万新建厂房
    B. 某大学出资 220 万元进行实训楼扩建
    C. 某房地产公司施工单体 1600m² 的住宅工程项目

D. 某小区三幢住宅楼精装
    E. 红十字会出资 30 万改建老年活动中心

3. 下列属于定额特点的是（　　）
    A. 动态性　　　　　　　B. 法令性
    C. 时效性　　　　　　　D. 实践性
    E. 个别性

4. 合同的内容由当事人约定，一般包括：当事人的名称或姓名和住所，价款或报酬，履行的期限、地点和方式，违约责任及（　　）。
    A. 工程数量　　　　　　B. 评标规则
    C. 工程质量　　　　　　D. 解决争议的方法
    E. 履行人员的情况

5. 当事人订立合同，需要经过（　　）和（　　）两个阶段。
    A. 公告　　　　　　　　B. 邀请
    C. 承诺　　　　　　　　D. 公示
    E. 要约

6. 合同当事人之间对合同履行状况和合同违约责任承担等问题所产生的意见分歧称为合同争议。合同争议的解决方式有（　　）。
    A. 和解　　　　　　　　B. 诉讼
    C. 调解　　　　　　　　D. 上诉
    E. 仲裁

7. 直接工程费是指施工过程中耗费的构成工程实体的各项费用，包括（　　）
    A. 人工费　　　　　　　B. 企业管理费
    C. 措施费　　　　　　　D. 材料费
    E. 施工机械使用费

8. 按照定额的不同用途分类，可以把建设工程定额分为（　　）
    A. 施工定额　　　　　　B. 预算定额
    C. 概算定额　　　　　　D. 工期定额
    E. 机械台班定额　　　　F. 投资估算指标

9. 规费是指政府和有关权力部门规定必须缴纳的费用。下面费用中（　　）属于规费的项目。
    A. 税金　　　　　　　　B. 工会经费
    C. 危险作业意外伤害保险
    D. 住房公积金　　　　　E. 工程排污费

10. 合同履行的原则主要包括（　　）和（　　）原则。
    A. 全面适当履行原则　　B. 双方共赢
    C. 诚实信用　　　　　　D. 按习惯交易
    E. 不损害第三方利益

三、简答题

1. 用自己的话论述预算定额的作用。

2. 预算定额的时效性和稳定性是否矛盾？举例说明。

3. 谈谈工程造价人员执业资格制度的必要性。

第二章
园林景观工程预算编制实训

项目一　园林景观工程量及费用计算

项目二　园林景观工程量清单报价

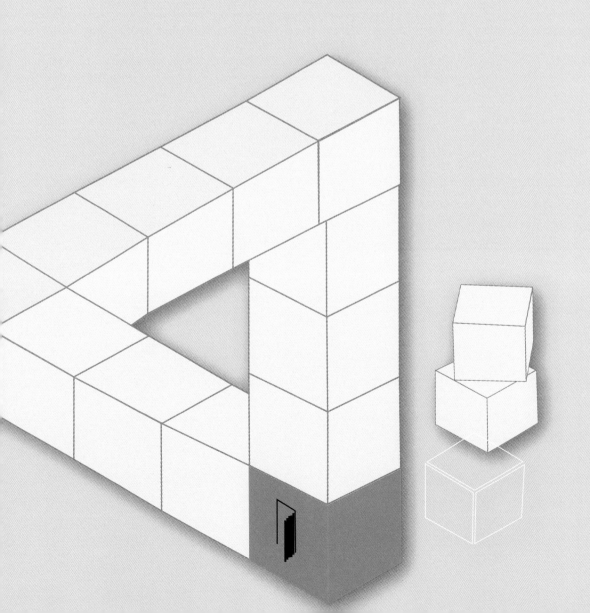

随着园林景观设计专业的发展，其设计和施工越来越规范，对预算和成本控制的要求也在提高，而从事园林工程预算的人员相对较少。尤其是近年来，我国的计价方法已经与国际接轨，全部实行工程量清单计价，招投标必须严格执行 2013 版《工程量清单计价规范》，而大多数教材和教学都滞后于市场和行业。这样就直接影响教学的应用水平，还造成了社会资源的极大浪费。本章以最新的项目案例导入教学，融入相关理论知识和实践技能点，重在培养学生的实践操作能力，并附有相应的习题，供学生学习和巩固。

项目一　园林景观工程量及费用计算

我们身边常见的某一块绿地，它的重新整理设计大概需要花多少钱？具体怎么计算，通过案例解析，轻松导入课程；一个简单的私家庭院景观预算，工程小得不值得招投标，甚至不值得找专业人士，那可能需要花多少钱呢？通过本项目两个小案例，同学们很容易就知道怎么算了。同时对一些不太明白的术语，本项目会很自然地引导同学们去思考和提问；还有相关知识技能点的详细介绍；最后，还有用来检验学习效果的习题。跟着教材学下来，就会很轻松地掌握这门课程，发现它其实并不难。

1. 课程概况

① 课程要求

训练目的：能够根据设计图纸计算工程费用

训练重点：熟练园林定额

学习难点：正确计算工程量

作业时间：10 课时 + 课余时间

相关作业：熟悉定额

② 教学案例

案例 1　绿地整理工程量及费用计算

案例 2　庭院景观工程量及费用计算

③ 知识点

景观工程费用

景观工程费用

景观工程相关概念

景观工程量计算

④ 实践程序

子任务 1　景观工程预算编制案例解析

子任务 2　景观工程预算定额解读

子任务 3　园路、园桥、假山工程预算编制案例解析

子任务 4　景观工程相关概念与工程量计算

⑤ 思考与练习

⑥ 相关参考资料和信息

《江苏省仿古建筑与园林工程计价表》2007 版

造价员考试教材（《工程造价相关知识》、《建设工程技术与计量（土建）》、

《建安工程造价案例分析（土建）》）中国计划出版社

[**案例1**] 某住宅小区内原有一块绿地，面积为 360 m²，现重新布置，需要把以前所种植物全部更新：绿地中两个灌木丛占地面积为 90 m²，竹林面积为 60 m²，挖出土方量为 30 m³。场地需要重新平整，绿地内为普坚土，如图 2–1–1 所示。计算其工程量，并计算其分部分项工程费。

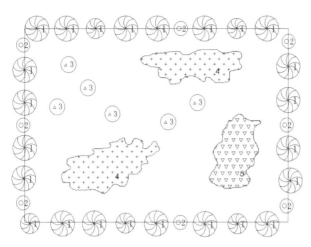

图 2–1–1　绿地示意图

1—毛白杨　2—旱柳　3—红叶李　4—月季　5—竹子

【**解**】1）计算工程量

① 项目编码：050101001　　　　项目名称：伐树、挖树根

　工程量计算规则：按数量计算。毛白杨——24 株；红叶李——6 株；旱柳——8 株

② 项目编码：050101002　　　　项目名称：砍挖灌木丛

　工程量计算规则：按数量计算。月季——87 株

③ 项目编码：050101003　　　　项目名称：挖竹根

　工程量计算规则：按数量计算。竹子——45 株

④ 草皮的面积 = 总的绿化面积 – 灌木丛的面积 – 竹林的面积

　即：草皮的面积 =（360–90–60）m²=210.00 m²

⑤ 人工整理绿化用地：360.00 m²

工程量如表 2–1–1 所示。

表 2–1–1　　　　　　　　　　　　　　　　工程量计算表

序号	项目编码	项目名称	项目特征描述	单位	工程量	备注
1	050101001001	起挖乔木	毛白杨，离地面 20 cm 处树干直径在 30 cm 以内	株	19	
2	050101001002	起挖乔木	毛白杨，离地面 20 cm 处树干直径在 40 cm 以内	株	5	
3	050101001003	起挖乔木	红叶李，离地面 20 cm 处树干直径在 30 cm 以内	株	6	
4	050101001004	起挖乔木	旱柳，离地面 20 cm 处树干直径在 30 cm 以内	株	8	
5	050101002001	起挖灌木丛	月季，冠幅 50 cm 以内裸根	株	87	
6	050101003001	起挖竹根	散生竹胸径 4 cm 内	株	45	
7	050101005001	起挖草皮	草皮满铺带土 2 cm 内	m²	210.00	
8	050101006001	整理绿化用地	人工整理绿化用地	m²	360.00	

2）套用相应定额分别计算各分项工程合价

    ① 起挖毛白杨，离地面 20 cm 处树干直径在 30 cm 以内，共 19 株。查表 2-1-2 定额编号 3-29，综合单价为 2160.39/（10 株）。

    计算该项工程合价为：2160.39÷10×19 = 4104.74（元）

    ② 起挖毛白杨，离地面 20 cm 处树干直径在 40 cm 以内，共 5 株。查表 2-1-2 定额编号 3-31，综合单价为 3908.86/（10 株）。

    计算该项工程合价为：3908.86÷10×5 = 1954.43（元）

    ③ 起挖红叶李，离地面 20 cm 处树干直径在 30 cm 以内，共 6 株。查表 2-1-2 定额编号 3-29，综合单价为 2160.39/（10 株）。

    计算该项工程合价为：2160.39÷10×6 = 1296.23（元）

    ④ 起挖旱柳，离地面 20 cm 处树干直径在 30 cm 以内，共 8 株。查表 2-1-2 定额编号 3-29，综合单价为 2160.39/（10 株）。

    计算该项工程合价为：2160.39÷10×8 = 1728.31（元）

    ⑤ 起挖月季，冠幅 50 cm 以内裸根，共 87 株。查表 2-1-2 定额编号 3-48，综合单价为 5.37/（10 株）。

    计算该项工程合价为：5.37÷10×87 = 46.72（元）

    ⑥ 起挖散生竹，胸径 4 cm 内，共 45 株。查表 2-1-2 定额编号 3-70，综合单价为 27.27/（10 株）。

    计算该项工程合价为：27.27÷10×45 = 122.72（元）

    ⑦ 起挖草皮，草皮满铺带土 2 cm 内，共 210.00 m²。查表 2-1-2 定额编号 3-97，综合单价为 2160.39/（10m²）。

    计算该项工程合价为：13.27÷10×210 = 278.67（元）

    ⑧ 整理绿化用地，共，360.00 m²。查表 2-1-2 定额编号 1-121，综合单价为 35.96/（10 m²）。

    计算该项工程合价为：35.96÷10×360 = 1294.56（元）

3）将计算数据填入表 2-1-2

表 2-1-2   工程费用计算表

序号	项目编码	项目名称	定额编号	计量单位	工程量	综合单价	合价	其中：暂估价
1	050101001001	起挖乔木	3-29	株	19	216.039	4104.74	
2	050101001002	起挖乔木	3-31	株	5	390.886	1954.43	
3	050101001003	起挖乔木	3-29	株	6	216.039	1296.23	
4	050101001004	起挖乔木	3-29	株	8	216.039	1728.31	
5	050101002001	起挖灌木丛	3-48	株	87	0.537	46.72	
6	050101003001	起挖散生竹	3-70	株	45	2.727	122.72	
7	050101005001	起挖草皮	3-97	m²	210.00	1.327	278.67	
8	050101006001	整理绿化用地	1-121	m²	360.00	3.596	1294.56	
	合计						10826.38	

金额/元

[案例 2] 某私家庭院中有一个太湖石堆砌的假山，（如图 2-1-2 所示）山高 2.5 m，假山平面轮廓的水平投影外接矩形长 7 m，宽 3 m，投影面积为 22 m²，假山顶有一小块景石，此景石平均长 2 m，宽 1 m，高 1.5 m。假山周围边为原有峦树。山上设有山石台阶，台阶平面投影长 1.8 m，宽 0.6 m，每个台阶高 0.2 m，台阶两

旁种有小灌木。山石用水泥砂浆砌筑，假山下为灰土基础，3∶7灰土厚 45 mm，素土夯实，试计算：该私家园林工程量及分项工程费用。

该私家园林工程造价。（已知相关费率为：社会保障费 3%，安全文明施工费率 1.1%，雨季施工增加费 0.2%，工程排污费 0.1%，税金 3.41%，住房公积金 0.5%，已完工程及设备保护费率 0.78%。）如人工和主材采用当地市场价，人工：100 元／工日，景石：660 元／t，湖石：450 元／t，阶岩石：530 元／m²。试重新计算该私家园林工程量、分项工程费用及工程造价。

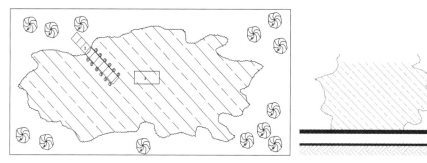

图 2-1-2　假山示意图

解：1）工程量计算（如表 2-1-3）

① 项目编码：050202002　　项目名称：堆砌石假山

工程量计算规则：按设计图示尺寸以质量计算。

石料重量：$W = A \cdot H \cdot R \cdot Kn = 22 \times 2.5 \times 2.2 \times 0.56 \text{ t} = 67.760 \text{ t}$

② 项目编码：050202002　　项目名称：假山灰土垫层

工程量计算规则：按设计图示尺寸以体积计算。

灰土垫层体积：$V = $ 底面积 $\times$ 高 $= 21 \times 0.045 \text{ m}^3 = 0.98 \text{ m}^3$

③ 项目编码：050202005　　项目名称：点风景石

工程量计算规则：按设计图示以质量计算。

石料重量：$W = A \cdot H \cdot R = 2 \times 1 \times 1.5 \times 2.2 = 6.600 \text{ t}$

④ 项目编码：050202008　　项目名称：山坡石台阶

工程量计算规则：按设计图示尺寸以水平投影面积计算。

石台阶水平投影面积：$S = $ 长 $\times$ 宽 $= 1.8 \times 0.6 \text{ m}^2 = 1.08 \text{ m}^2$

⑤ 项目编码：050102004　　项目名称：栽植灌木

工程量计算规则：按设计图示数量计算。金钟花——12 株。

表 2-1-3　　　　　　　　　　　私家园林工程量计算表

序号	项目编码	项目名称	项目特征描述	计量单位	工程量
1	050202002001	堆砌石假山	太湖石堆砌	t	67.760
2	010308001001	灰土垫层	45 mm 厚 3∶7 灰土垫层	m³	0.98
3	050202005001	点风景石	平均长 2 m，宽 1 m，高 1.5 m	t	6.600
4	050202008001	山坡石台阶	水泥砂浆砌筑，台阶平面投影长 1.8 m，宽 0.6 m，每个台阶高 0.2 m	m²	1.08
5	050102004001	栽植灌木	金钟花	株	12

2）套用相应定额分别计算各分项工程合价

① 假山石料高度在 3 m 以内，故套用表 2-1-4 定额编号 3-462，综合单价为 665.82 元/t。

计算该项工程合价为：665.82×67.76 = 45115.96（元）

② 45 mm 厚 3:7 灰土垫层，套用表 2-1-4 定额编号 1-162，综合单价为 115.35 元/m³。

计算该项工程合价为：115.35×0.98 = 113.04（元）

③ 景石重量：$W_{单}$=6.6 t（5 t<6.6 t<10 t），所以套用表 2-1-4 定额编号 3-482，综合单价为 846.48 元/t。

计算该项工程合价为：846.48×6.6 = 5586.77（元）

④ 山坡石台阶，套用表 2-1-4 定额编号 2-160，综合单价为 6032.42 元/（10m²）。

计算该项工程合价为：6032.42×1.08 = 6515.01（元）

⑤ 栽植灌木，套用表 2-1-4 定额编号 3-137，综合单价为 6.45 元/10株，基肥 1.20 元，另加金钟花苗木价 8.5 元/株，

综合单价 =6.45+1.20+8.5×10.2=94.35 元/（10株）。

计算该项工程合价为：94.35×1.2 = 113.22（元）

3）将计算数据填入表 2-1-4

表 2-1-4 　　　　　　　　　　　私家园林分项工程费用计算表

序号	项目编码	项目名称	定额编号	计量单位	工程量	金额/元		
						综合单价	合价	其中：暂估价
1	050202002001	假山基础垫层	1-162	m³	0.98	115.35	133.04	
2	050202002002	堆砌石假山	3-462	t	67.760	665.82	45115.96	
3	050202005001	点风景石	3-482	t	6.600	846.48	5586.77	
4	050202008001	山坡石台阶	2-160	m²	1.08	603.24	651.50	
5	050102004001	栽植灌木	3-137	株	12	9.435	113.33	
	合计						51600.60	

4）计算工程造价

表 2-1-5 　　　　　　　　　　　私家园林工程造价计算表

序号	汇总内容	费率/%	公式	金额/元	其中：暂估价/元
1	分部分项工程			51600.60	
2	措施项目		1× 费率	1073.29	
2.1	安全文明施工费	1.1		567.61	
2.2	雨季施工增加费	0.2		103.20	
2.3	已完工程及设备保护费	0.78		402.48	
3	其他项目费				
4	规费		（1+2+3）× 费率	1896.26	
4.1	工程排污费	0.1		52.67	
4.3	社会保障费	3		1580.22	
4.4	住房公积金	0.5		263.37	
5	税金	3.41	（1+2+3+4）× 费率	1860.84	
	投标报价合计 =1+2+3+4+5			56430.99	

5）如人工和主材采用当地市场价，则各分项综合单价和合价要重新计算

① 假山石料高度在 3 m 以内，套用表 2-1-4 定额编号 3-462，综合单价为 665.82 元 /t，市场价中，人工单价为 100 元 / 工日，湖石单价为 450 元 /t。计算该项综合单价如下：

人工费 =4.62×100=462（元）

材料费 =432.76-300+450=582.76（元）

机械费不变：7.42（元）

管理费 =462×18%=83.16（元）

利润 =462×14%=64.68（元）

因此，堆砌石假山综合单价 =462+582.76+7.42+83.16+64.68=1200.02（元 /t）

该项工程合价为：1200.02×67.76 = 81313.36（元）

② 45 mm 厚 3:7 灰土垫层套用表 2-1-6 定额编号 1-162，综合单价为 115.35 元 /m³，按市场价计算综合单价：

人工费 =0.847×100=84.7（元）

材料费 =64.97（元）

机械费不变：1.16（元）

管理费 =84.7×18%=15.25（元）

利润 =84.7×14%=11.86（元）

因此，点风景石综合单价 =84.7+64.97+1.16+15.25+11.86=177.94（元 /m³）

计算该项工程合价为：177.94×0.98 = 174.38（元）

③ 景石套用表 2-1-6 定额编号 3-482，综合单价为 846.48 元 /t，人工：100 元 / 工日，景石：660 元 /t。计算该项综合单价如下：

人工费 =7.62×100=762（元）

材料费 =462.28-450+660=672.28（元）

机械费不变：12.04（元）

管理费 =762×18%=137.16（元）

利润 =762×14%=106.68（元）

因此，点风景石综合单价 =762+672.28+12.04+137.16+106.68=1690.16（元 /t）

该项工程合价为：1690.16×6.6 = 11155.06（元）

④ 山坡石台阶，套用表 2-1-6 定额编号 2-160，综合单价为 6032.42 元 /（10m²），人工：100 元 /（工日），阶岩石：530 元 /t，计算该项综合单价如下：

人工费 =18.33×100=1833（元）

材料费 =4650.06-4590+530×10.2=5466.06（元）

机械费不变：63.12（元）

管理费 =1833×18%=329.94（元）

利润 =1833×14%=256.62（元）

因此，山坡石台阶综合单价 =1833+5466.06+63.12+329.94+256.62=7948.74（元 /（10m²））

计算该项工程合价为：7948.74×1.08/10 = 858.46（元）

⑤ 栽植灌木，套用表 2-1-6 定额编号 3-137，综合单价为 6.45 元 /10 株，调为市场价后，综合单价为：

人工费 =0.115×100=11.5（元）

材料费 =10.2×8.5+1.2+0.82=88.72（元）

管理费 =11.5×18%=2.07（元）

利润 =11.5×14%=1.61（元）

因此，栽植灌木综合单价 =11.5+88.72+2.07+1.61=103.90（元／（10株））

计算该项工程合价为：103.90×12/10 = 124.68（元）

⑥ 将计算数据填入表 2-1-6

表 2-1-6 私家园林分项工程费用计算表（调价后）

序号	项目编码	项目名称	定额编号	计量单位	工程量	金额／元		
						综合单价	合价	其中：暂估价
1	050202002001	假山基础垫层	1-162	m³	0.98	177.94	174.38	
2	050202002002	堆砌石假山	3-462	t	67.76	1200.02	81313.36	
3	050202005001	点风景石	3-482	t	6.6	1690.16	11155.06	
4	050202008001	山坡石台阶	2-160	m²	1.08	794.87	858.46	
5	050102004001	栽植灌木	3-137	株	12	10.39	124.68	
	合计						93625.93	

⑦ 计算工程造价见表 2-1-7

表 2-1-7 私家园林工程造价计算表（调价后）

序号	汇总内容	费率／%	公式	金额／元	其中：暂估价／元
1	分部分项工程			93625.93	
2	措施项目		1× 费率	1947.42	
2.1	安全文明施工费	1.1		1029.89	
2.2	雨季施工增加费	0.2		187.25	
2.3	已完工程及设备保护费	0.78		730.28	
3	其他项目费				
4	规费		（1+2+3）× 费率	3440.64	
4.1	工程排污费	0.1		95.57	
4.3	社会保障费	3		2867.20	
4.4	住房公积金	0.5		477.87	
5	税金	3.41	（1+2+3+4）× 费率	3376.38	
	投标报价合计 =1+2+3+4+5			102390.37	

3. 知识点

1）园林景观工程费用

园林景观工程费用计算遵照建设工程费用计算规则。

园林景观构成六要素为：山、水、树、石、路、建筑。所以园林景观工程一般可分为七部分，即：土石方工程、绿化种植工程、绿化养护工程、假山工程、园路工程、园桥工程、园林小品工程。

景观产品属于艺术范畴，它不同一般工业、民用建筑，其各项工程特色不同，风格各异，工艺要求不尽相同，而且项目零星，地点分散，工程量小，工作面大，花样繁多，形式各异，同时也受候气条件的影响，景观产品不可能确定一个统一的价格，因而必须根据设计文件的要求，对景观工程事先从经济上加以计算。

目前，我国建设领域通常实行综合单价法，各种定额也是以综合单价编制的。综合单价由人工费、材料费、施工机械使用费、管理费和利润五部分组成。对于任何一项工程来说，其工程费用的计算基础都是工程量和综合单价，即合价 = ∑工程量 × 综合单价。

其中，工程量可根据图纸计算，或招标文件已给定，而综合单价可由相应定额查到。由此可见，计算一项工程的费用，关键是能够准确计算出工程量，并能正确套用相应定额，最后将每一项费用相加所得之和，即为该项工程的合价。

2）园林绿化工程预算定额

园林工程预算定额有《全国统一仿古建筑及园林工程预算定额》和各地方定额。考虑各地区实际情况，通常采用地方定额，如江苏省采用的是《江苏省仿古建筑与园林工程计价表》（2007年）。各地方定额仅限于地区范围内执行，但是使用方法基本相同。下面以《江苏省仿古建筑与园林工程计价表》（2007年）为例进行讲解。

《江苏省仿古建筑与园林工程计价表》主要由三部分组成：第一册通用项目，第二册营造法原作法项目，第三册园林工程，如表2-1-8所示。

表2-1-8　　　《江苏省仿古建筑与园林工程计价表》（2007年）的主要内容

章节		分部工程名称	章节		分部工程名称
		费用计算规划	第二册 营造法原作法项目	第一章	砖细工程
		总说明		第二章	石作工程
		仿古建筑面积计算规划		第三章	屋面工程
第一册 通用项目	第一章	土石方、打桩、基础垫层工程		第四章	抹灰工程
	第二章	砌筑工程		第五章	木作工程
	第三章	砼及钢筋砼工程		第六章	油漆工程
	第四章	木作工程		第七章	彩画工程
	第五章	楼地面及屋面防水工程	第三册 园林工程	第一章	绿化种植
	第六章	抹灰工程		第二章	绿化养护
	第七章	脚手架工程		第三章	假山工程
	第八章	模板工程		第四章	园路及园桥工程
				第五章	园林小品工程

① 园林工程预算定额内容简介

在《江苏省仿古建筑与园林工程计价表》总说明中，对定额的方方面面都进行了详细解释，以下是摘录出的一小部分：

计价表由三册二十章及八个附录组成。计价表中的第一册通用项目与第二册项目配套使用。第二册主要适用于以《营造法原》为主设计、建造的仿古建筑工程及其他建筑工程的仿古部分；第三册适用于城市园林工程，也适用于厂矿、机关、学校、宾馆、居住小区等的园林工程，以及市政工程中的景观绿化工程。

② 计价表的适用范围

计价表适用于江苏省行政区域范围内新建、扩建的仿古建筑及园林工程，同时也适用于市政工程中的景观绿化工程，不适用于改建和临时性工程，修缮工程预算定额缺项项目，可以参考本计价表相应子目使用。计价表中未包括的拆除、零星修补等项目，应按照 1999 年《江苏省房屋修缮工程预算定额》及其配套费用定额执行；未包括的安装工程项目，应按照 2004 年《江苏省安装工程计价表》及其配套费用计算规则执行。

③ 计价表的主要编制依据

a.《江苏省仿古建筑及园林工程单位估价表》（1990 年）；
b. 建设部《仿古建筑及园林工程预算定额》（1988 年）；
c.《江苏省建筑与装饰工程计价表》（2004 年）；
d. 部分外省市《仿古建筑及园林工程预算定额》；
e. 国家《古建筑修建工程施工及验收规范》（送审稿）；
f. 南京、苏州、无锡等市 2007 年上半年工程材料指导价及信息价。

④ 计价表费用组成

计价表中的综合单价由人工费、材料费、机械费、管理费、利润等五项费用组成。仿古建筑及园林工程的管理费与利润，已按照三类工程标准计入综合单价内；一、二类工程应根据《江苏省仿古建筑及园林工程费用计算规则》规定，对管理费和利润进行调整后计入综合单价内。

计价表项目中带括号的定额项目和材料价格供选用，未包含在综合单价内。

部分计价表项目在引用了其他项目综合单价时，引用的项目综合单价列入材料费一栏，但其五项费用数据在项目汇总时已作拆解分列，使用中应予注意。

⑤ 计价表用量

计价表是按正常的施工条件，合理施工组织设计，使用合格的材料、成品、半成品，以江苏省现行的常规施工做法进行编制；计价表中规定的工作内容，均包括完成该项目过程的全部工序以及施工过程中所需的人工、材料、半成品和机械台班数量，次要工序虽未一一说明，但已包括在内。除计价表中有规定允许调整外，其余不得因具体工程的施工组织设计、施工方法和工、料、机等耗用与计价表有出入而调整计价表用量。

⑥ 计价表工资

计价表人工工资，第一册与第三册为 37.00 元 / 工日、第二册为 45.00 元 / 工日；工日中包括基本用工、材料场内运输用工、部分项目的材料加工及人工幅度差等。

⑦ 材料说明及有关规定

a. 计价表中材料预算价格的组成：材料预算价格 =[采购原价（包括供销部门手续费和包装费）+ 场外运输费]×1.02（采购保管费）。
b. 计价表项目中主要材料、成品、半成品均按合格的品种、规格加施工场内运输损耗及操作损耗以数量列入定额，次要和零星材料以"其他材料费"按"元"列入。
c. 计价表中的材料、成品、半成品，除注明者外，均包括了施工现场范围以内的全部水平运输及檐高在 20 米以内的垂直运输。场内水平运输，除另有规定外，实际距离不论远近，不做调整，但遇工程上山或过河等特殊情况，应另行处理。
d. 周转性材料已按规范及操作规程的要求以摊销量列入定额项目中。
e. 计价表项目中的黏土材料，如就地取土者，应扣除黏土价格，另增挖、运土方人工费用。
f. 计价表项目中的综合单价、附录中的材料及苗木预算价格是作为编制预算的参考，工程实际发生（确定）的价格与定额取定价格之价差，计算时应列入综合单价内。
g. 市区沿街建筑在现场堆放材料有困难、汽车不能将材料运入巷内的建筑、材料不能直接运到单位工程周边需再次中转，建设单位不能按正常合理的施工组织设计提供材料、构件堆放场地和临时设施用地的工程而发生的二次搬运费用，按照《江苏省仿古建筑及园林工程费用计算规则》规定计算。

⑧ 施工用水电

工程施工用水、电，应由建设单位在现场装置水、电表，交施工单位保管使用，施工单位按电表读数乘以预算单价付给建设单位；如无条件装表计量，由建设单位直接提供水电，在竣工结算时按定额含量乘以预算单价付给建设单位。生活用水、电按实际发生金额支付。

⑨ 计价表中仿古建筑及园林工程管理费和利润计算标准

管理费以三类工程的标准列入定额子目，其计算基础仿古建筑为人工费加机械费，园林工程为人工费。利润不分工程类按表 2-1-9 计算。

表 2-1-9　　　　　　　　仿古建筑及园林工程管理费、利润取费标准

序号	工程名称	计算基础	管理费费率 /%			利润费率 /%
			一类工程	二类工程	三类工程	
1	仿古建筑工程	人工费 + 机械费	57	50	43	12
2	园林工程	人工费	30	24	18	14

⑩ 计价表未列定额项目的工程量及消耗量

按照建设部《仿古建筑及园林工程预算定额》（1988 年）执行；计价表（定额）缺项项目，由施工单位提出实际耗用的人工、材料、机械含量测算资料，经工程所在市工程造价管理处（定额站）批准并报省定额总站备案后方可执行。

绿化工程预算定额解读见表 2-1-10 ~ 表 2-1-14。

表 2-1-10　　　　　　　　起挖灌木　　　　　　　　计量单位：10 株

项目	单位	单价	起挖灌木（裸根）					
			冠幅在（cm 内）					
			50		100		150	
			数量	合价	数量	合价	数量	合价
综合单价	元		5.37		29.79		130.40	
其中	人工费	元	4.07		22.57		98.79	
	材料费	元	—		—		—	
	机械费	元	—		—		—	
	管理费	元	0.73		4.06		17.78	
	利润	元	0.57		3.16		13.83	
综合人工	工日	37.00	0.11	4.07	0.61	22.57	2.67	98.79

定额编号：3-48　3-49　3-50

注：工作内容：起挖、出塘、修剪、打浆、搬运集中、回土填塘、清理场地。

表 2-1-11　　　　　　　　　　　起挖露地花卉及草皮　　　　　　　　　计量单位：10m²

定额编号			3-97		3-98		3-99	
项目	单位	单价	起挖草坪				散种（散铺）	
			满铺					
			草皮带土2cm内		草皮带土2cm外			
			数量	合价	数量	合价	数量	合价
综合单价	元		13.27		16.39		9.10	
其中　人工费	元		9.25		11.47		6.29	
材料费	元		1.05		1.25		0.80	
机械费	元		—		—		—	
管理费	元		1.67		2.06		1.13	
利润	元		1.30		1.61		0.88	
综合人工　工日		37.00	0.25	9.25	0.31	11.47	0.17	6.29
材料　608011501　草绳	kg	0.38	2.75	1.05	3.30	1.25	2.10	0.80

注：① 工作内容：起挖、出塘、搬运集中、回土填塘、清理场地。② 散铺按占地面积计算。

表 2-1-12　　　　　　　　　　　　起挖竹类　　　　　　　　　　　计量单位：10 株

定额编号			3-69		3-70		3-71		3-72	
项目	单位	单价	起挖散生竹类							
			胸径在（cm 内）							
			2		4		6		8	
			数量	合价	数量	合价	数量	合价	数量	合价
综合单价	元		9.23		27.27		40.44		68.24	
其中　人工费	元		5.55		18.50		27.75		48.10	
材料费	元		1.90		2.85		3.80		4.75	
机械费	元									
管理费	元		1.00		3.33		5.00		8.66	
利润	元		0.78		2.59		3.89		6.73	
综合人工　工日		37.00	0.15	5.55	0.50	18.50	0.75	27.75	1.30	48.10
材料　608011501　草绳	kg	0.38	5.00	1.90	7.50	2.85	10.00	3.80	12.50	4.75

注：工作内容：起挖、包扎、出塘、修剪、搬运集中、回土填塘、清理场地。

表 2-1-13 平整场地 计量单位：10m²

定额编号				1-121		1-122		1-123	
项目		单位	单价	平整场地		原土打底夯			
						地面		基（槽）坑	
				数量	合价	数量	合价	数量	合价
综合单价		元		35.96		8.11		10.56	
其中	人工费	元		23.20		4.07		4.88	
	材料费	元		—		—		—	
	机械费	元		—		1.16		1.93	
	管理费	元		9.98		2.25		2.93	
	利润	元		2.78		0.63		0.82	
综合人工		工日	37.00	0.627	23.20	0.11	4.07	0.132	4.88
机械 01068	夯实机（电动）夯击能力 20～62N·m	台班	24.16			0.048	1.16	0.08	1.93

注：工作内容：厚度在 300 mm 以内的挖、填、找平。

表 2-1-14 起挖乔木 计量单位：10 株

定额编号				3-29		3-30		3-31		3-32	
项目		单位	单价	起挖乔木（裸根）							
				胸径在（cm 内）							
				30		35		40		45	
				数量	合价	数量	合价	数量	合价	数量	合价
综合单价		元		2160.39		2870.45		3908.86		5120.10	
其中	人工费	元		1246.90		1661.30		2216.30		2956.30	
	材料费	元		68.40		79.80		91.20		102.60	
	机械费	元		446.08		597.74		892.15		1115.19	
	管理费	元		224.44		299.03		398.93		532.13	
	利润	元		174.57		232.58		310.28		413.88	
综合人工		工日	37.00	33.70	1246.90	44.90	1661.30	59.90	2216.30	79.90	2956.30
材料 608011501	草绳	kg	0.38	180.00	68.40	210.00	79.80	240.00	91.20	270.00	102.60
机械 03020	汽车式起重机 16 t	台班	892.15	0.50	446.08	0.67	597.74	1.00	892.15	1.25	1115.19

注：工作内容：起挖、出塘、修剪、打浆、搬运集中、回土填塘、清理场地。

3）绿化定额相关说明

① 定额适用于正常种植季节的施工。根据《江苏省城市园林绿化植物种植技术规定（试行）》（苏建园〔2000〕204号），落叶树木种植和挖掘应在春季解冻以后、发芽以前或在秋季落叶后冰冻前进行；常绿树木的种植和挖掘应在春天土壤解冻以后、树木发芽以前，或在秋季新梢停止生长后降霜以前进行。非正常种植季节施工，所发生的额外费用应另行计算。

② 不含胸径大于45 cm的特大树、名贵树木、古老树木起挖及种植。

③ 定额由苗木起挖、苗木栽植、苗木假植、栽植技术措施、人工换土、垃圾土深埋等工程内容组成。包括：绿化种植前的准备工作，种植，绿化种植后周围2 m内的垃圾清理，苗木种植竣工初验前的养护（即施工期养护）。不包括以下内容：
a. 种植前建筑垃圾的清除，其他障碍物的拆除。
b. 绿化围栏、花槽、花池、景观装饰、标牌等的砌筑，混凝土、金属或木结构构件及设施的安装（除支撑外）。
c. 种植苗木异地的场外运输（该部分的运输费计入苗木价）。
d. 种植成活期养护（见第二章绿化养护相应项目）。
e. 种植土壤的消毒及土壤肥力测定费用。
f. 种植穴施基肥（复合肥）。

④ 定额苗木起挖和种植均以一、二类土为计算标准，若遇三类土人工乘以系数1.34，四类土人工乘以系数1.76。

⑤ 施工现场范围内苗木、材料、机具的场内水平运输，均已包括在定额内，除定额规定者外，均不得调整。因场地狭窄、施工环境限制而不能直接运到施工现场，且施工组织设计要求必须进行二次运输的，另行计算。

⑥ 种植工程定额子目均未包括苗木、花卉本身价值。苗木、花卉价值应分品种不同，按规格分别取定苗木编制期价格。苗木花卉价格均应包含苗木原价、苗木包扎费、检疫费、装卸车费、运输费（不含二次运输）及临时养护费等。

⑦ 绿化定额子目苗木含量已综合了种植损耗、场内运输损耗、成活率补损损耗，其中乔灌木土球直径在100 cm以上，损耗系数为10%；乔灌木土球直径在40~100 cm，损耗系数为5%；乔灌木土球直径在40 cm以内，损耗系数为2%；其他苗木（花卉）等为2%。

⑧ 苗木成活率指由绿化施工单位负责采购，经种植、养护后达到设计要求的成活率，定额成活率为100%（如建设单位自行采购，成活率由双方另行商定）。

⑨ 种植绿篱项目分别按1株/m、2株/m、3株/m、5株/m，花坛项目分别按6.3株/m²、11株/m²、25株/m²，49株/m²，70株/m²进行测算，实际种植单位株数不同时，绿篱及花卉数量可以换算，人工、其他材料及机械不得调整。

⑩ 起挖、栽植乔木，带土球时当土球直径大于120 cm（含120 cm）或裸根时胸径大于15 cm（含15 cm）以上的截干乔木，定额人工及机械乘以系数0.8。
起挖、栽植绿篱（含小灌木及地被）、露地花卉、塘植水生植物，当工程实际密度与定额不同时，苗木、花卉数量可以调整，其他不变。
定额以原土回填为准，如需换土，按换土定额另行计算。

⑪ 栽植技术措施子目的使用，必须根据实际需要的支撑方法和材料，套用相应定额子目。

⑫ 楼层间、阳台、露台、天台及屋顶花园的绿化，套用相应种植项目，人工乘以系数1.2，垂直运输费按施工组织设计计算。在大于30°的坡地上种植时，相应种植项目人工乘以系数1.1。

4. 园林绿化工程相关概念

绿化种植和绿化养护是园林工程的重要组成部分。绿化植物是园林中最基本的生态要素，通常分为公共绿化、专用绿化、防护绿化、道路绿化及其它绿化类型。一般选用乔木、灌木、藤本及草本植物。下面就绿化工程的相关概念进行解释：

1）名词解释

胸径：指距地面1.3 m处树干的直径。
苗高：指从地面起到苗木顶梢的高度。

冠径：指异形枝条幅度的水平直径。

条长：指攀缘植物，从地面起到顶梢的长度。

年生：指从繁殖起到掘苗时止的树年龄。

苗木高度：指苗木自地面至最高生长点的垂直距离。

冠丛高：指灌木自地面至最高生长点的垂直距离。

冠丛直径：指苗木冠丛的最大幅度和最小幅度之间的平均直径。

苗木地径：指苗木自地面至 0.2 m 处的树干直径。

苗木长度：又称蓬长、茎长，指攀缘植物的主径从根部至梢头之间的长度。

土球直径：指苗木移植时，根部所带土球的实际直径。

栽植密度：单位面积内所种植苗木的数量。

大树：指胸径在 25~45 cm 的乔木。

分枝点：指从树干主干分叉分枝的离地面距离最近的接点。

地形塑造：指根据设计要求，对施工场地内的土方通过运、填等将原始地形进行改变以体现设计人员的设计意图。

2）绿化工程基本规定

① 整地

a. 清理障碍物。在施工场地上，凡对施工有碍的一切障碍物如堆放的杂物、违章建筑、坟堆、砖石块等要清理干净。一般情况下，已有树木凡能保留的应尽可能保留。

b. 整理现场。根据设计图纸要求，将绿化地段与其他用地界限区划开来，整理出预定的地形，使其与周围排水趋向一致。整理工作一般应至少在栽植前 3 个月进行。

② 定点和放线

行道树的定点放线。道路两侧成行列式栽植的树木，称为行道树。要求栽植位置准确、株行距相等（在国外有用不等距的），一般是按设计断面定点。在已有道路旁定点以路牙为依据，然后用皮尺、钢尺或测绳定出行位，再按设计定株距，每隔 10 株于株距中间钉一木桩（不是钉在所挖坑穴的位置上），作为行位控制标识，植树位置的确定，除和规定设计部门配合协商外，在定点后还应请设计人员验点。

③ 栽植穴、槽的挖掘

栽植穴、槽的质量，对植株以后的生长有很大的影响。除设计确定位置外，应根据根系或土球的大小、土质情况来确定坑（穴）径大小（一般比规定的根系或土

球直径大 20~30 cm）；根据树种根系类别，确定坑（穴）的深浅。坑（穴）或沟槽口径应上下一致，以免植树时根系不能舒展或填土不实。

3）绿化苗木分类

常绿乔木：指有明显主干，分支点离地面较高，各级侧枝区别较大，全年不落叶的木本植物（定额表现为带土球乔木）。

常绿灌木：指无明显主干，分支点离地面较近，分枝较密，全年不落叶的木本植物（定额表现为带土球灌木）。

落叶乔木：指有明显主干，分支点离地面较高，各级侧枝区别较大，冬季落叶的木本植物（定额表现为裸根乔木）。

落叶灌木：指无明显主干，分支点离地面较近，分枝较密，冬季落叶的木本植物（定额表现为裸根灌木）。

竹类植物：指地上秆茎直立的节，节坚实而明显，节间中空的植物（定额表现为散生竹、丛生竹）。

攀缘植物：指能攀附他物向上生长的蔓生植物。

水生类植物：完全能在水中生长的植物（定额表现为荷花、睡莲）。

地被植物：特指成片种植覆盖地面的小灌木类木本植物。小灌木是指灌木丛高度在 40 cm 以下的灌木（定额表现为地被植物）。

花卉类植物：指以观赏特性而进行种植的植物材料（一般指观花，一、二年生及多年生的草本植物）（定额表现为花卉类）。

草坪：指秆枝叶均匍地而生，成片种植覆盖地面的草本植物（定额表现为铺、种草坪）。

4）堆砌假山及塑假石山工程

① 堆砌假山包括湖石假山、黄石假山、塑假石山等，假山基础除注明者外，套用第一册相应定额。

② 砖骨架的塑假石山，如设计要求做部分钢筋混凝土骨架时，应进行换算。钢骨架的塑假石山未包括基础、脚手架、主骨架的工料费。

③ 假山的基础和自然式驳岸下部的挡水墙，按第一册的相应项目定额执行。

5）园路及园桥工程

① 园路包括垫层、面层，垫层缺项可按第一册楼地面工程相应项目定额执行，其综合人工乘系数 1.10，

块料面层中包括的砂浆结合层或铺筑用砂的数量不调整。

② 如果路沿或路牙用与路面同样材料铺就，其工料、机械台班费已包括在定额内，如用其他材料或预制块铺就，按相应项目定额另行计算。

③ 园桥：基础、桥台、桥墩、护坡、石桥面等项目，如遇缺项可分别按第一册的相应项目定额执行，其合计工日乘系数1.25，其他不变。

6）园林小品工程

① 园林小品是指公共场所及园林建设中的工艺点缀品，艺术性较强。它包括堆塑装饰和人造自然树木。

② 堆塑树木均按一般造型考虑，若采用艺术造型（如树枝、老松皮、寄生等）另行计算。

③ 黄竹、金丝竹、松棍每条长度不足1.5 m者，合计工日乘系数1.5，若骨料不同也可换算。

④ 堆塑装饰定额子目中直径规格不同的具体调整办法：同一子目按相邻直径的步距规格为调整依据，其工、料、机费也按同一子目相邻差值递增或递减。

5．园林景观工程量计算

1）绿化种植工程量计算

① 苗木起挖和种植：不论大小、分别按株（丛）、米、平方米计算。

② 绿篱起挖和种植：不论单双排，均按延长米计算；二排以上视作片植，套用片植绿篱，以平方米计算。

③ 花卉、草皮（地被）：以平方米计算。

④ 起挖或栽植带土球乔、灌木：以土球直径大小或树木冠幅大小选用相应子目。土球直径按乔木胸径的8倍、灌木地径的7倍取定（无明显干径，按自然冠幅的0.4倍计算）。棕榈种植物按地径的2倍计算（棕榈科植物以地径换算相应规格土球直径套乔木项目）。

⑤ 人工换土量根据附表《绿化工程相应规格对照表》有关规定，按实际天然密实土方量以立方米计算（人工换土项目已包括场内运土，场外土方运输按相应项目计价）。

⑥ 大面积换土按施工图要求或绿化设计规范要求以立方米计算。

⑦ 土方造型（不包括一般绿地自然排水坡度形成的高差）按所需土方量以立方米计算。

⑧ 树木支撑，按支撑材料、支撑形式不同以株计算，金属构件支撑以吨计算。

⑨ 草绳绕树干，按胸径不同根据所绕树干长度以米计算。

⑩ 搭设遮阴棚，根据搭设高度按遮阴棚的展开面积以平方米计算。

⑪ 绿地平整，按工程实际施工的面积以平方米计算，每个工程只可计算一次绿地平整子目。

⑫ 垃圾深埋的计算：以就地深埋的垃圾土（一般以三、四类土）和好土（垃圾深埋后翻到地表面的原深层好土）的全部天然密实土方总量，计算垃圾深埋子目的工程量，以立方米计算。

2）绿地整理工程量计算

① 伐树、挖树根、砍挖灌木丛、挖竹根

a. 伐除树木：凡土方开挖深度不大于50 cm或填方高度较小的土方施工，对于现场及排水沟中的树木应按当地有关部门的规定办理审批手续，如是名木古树必须注意保护，并做好移植工作。伐树时必须连根拔除，清理树墩。除用人工挖掘外，直径在50 cm以上的大树墩可用推土机或用爆破方法清除。建筑物、构筑物基础下土方中不得混有树根、树枝、草及落叶等。

b. 掘苗：将树苗从某地连根（裸根或带土球）起出的操作称为掘苗。包括选苗、掘苗前的准备工作，掘苗规格、掘苗等。

c. 挖坑（槽）：挖坑的规格大小应根据根系或土球的规格以及土质情况来确定，一般坑径应较根茎大一些。挖坑深浅与树种根系分布深浅有直接关系，在确定挖坑深度规格时应予充分考虑。其主要方法有人力挖坑和机械挖坑。

d. 清理障碍物：绿化工程用地边界确定后，凡地界之内，有碍施工的市政设施、农田设施、房屋、树木、坟墓、堆放杂物、违章建筑等，一律应进行拆除和迁移。

e. 现场清理：植树工程竣工后（一般指定植灌完3次水后），应将施工现场彻底清理干净，主要包括：封堰，单株浇水的应将树堰埋平，若是秋季植树，应将树堰内起约为20 cm高的土堆；整畦，大畦灌水的应将畦梗整理整齐，畦内进行深中耕；清扫保洁，最后将施工现场全面清扫一次，将无用杂物处理干净，并注意保洁，真正做到场光地净、文明施工。

② 清除草皮

可用人工中耕除草、机械中耕除草、化学除草三种方法。

③ 整理绿化草地

包括土方开挖、土方运转、土方回填、土方压实。

3）绿化养护工程量计算

① 乔木分常绿、落叶二类，均按胸径以株计算。

② 灌木均按蓬径以株计算。

③ 绿篱分单排、片植二类。单排绿篱均按修剪后净高高度以延长米计算，片植绿篱均按修剪后净高高度以平方米计算。

④ 竹类按不同类型，分别以胸径、根盘丛径以株或丛计算。

⑤ 水生植物分塘植、盆植二类。塘植按丛计算，盆植按盆计算。

⑥ 球型植物均按蓬径以株计算。

⑦ 露地花卉分草本植物、木本植物、球、块根植物三类，均按平方米计算。

⑧ 攀缘植物均按地径以株计算。

⑨ 地被植物分单排、双排、片植三类。单、双排地被植物均按延长米计算，片植地被植物以平方米计算。

⑩ 草坪分暖地型、冷地型、杂草型三类，均以实际养护面积按平方米计算。

⑪ 绿地的保洁，应扣除各类植物树穴周边已分别计算的保洁面积，植物树穴保洁面积按相关规定折算。

4）堆砌假山及塑假石山工程

① 假山散点石工程量按实际堆砌的石料以吨计算。计算公式：堆砌假山散点石工程量（吨）= 进料验收的数量 – 进料剩余数

② 塑假石山的工程量按外形表面的展开面积计算。

③ 塑假石山钢骨架制作安装按设计图示尺寸重量以吨计算。

④ 整块湖石峰以座计算。

⑤ 石笋安装按图示要求以块计算。

5）园路及园桥工程

① 各种园路垫层按设计图示尺寸，两边各放宽 5 cm 乘厚度以立方米计算。

② 各种园路面层按设计图示尺寸，长 × 宽 × 厚、厚按立方米计算。

③ 园桥：毛石基础、桥台、桥墩、护坡按设计图示尺寸以立方米计算。桥面及栈道按设计图示尺寸以平方米计算。

④ 路牙、筑边按设计图示尺寸以延长米计算；锁口按平方米计算。

6）园林小品工程

① 堆塑装饰工程分别按展开面积以平方米计算。

② 塑松棍（柱）、竹分不同直径工程量以延长米计算。

③ 塑树头按顶面直径和不同高度以个计算。

④ 原木屋面、竹屋面、草屋面及玻璃屋面按设计图示尺寸以平方米计算。

⑤ 石桌、石凳按设计图示数量以组计算。

⑥ 石球、石灯笼、石花盆、塑仿石音箱按设计图示数量以个计算。

⑦ 金属小品按图示钢材尺寸以吨计算，不扣除孔眼、切肢、切角、切边的重量，电焊条重量已包括在定额内，不另计算。在计算不规则或多边形钢板重量时均以矩形面积计算。

附：《江苏省仿古建筑与园林工程计价表》（2007 年）相关定额项目表（见表 2-1-15 ~ 表 2-1-19）

项目一 园林景观工程量及费用计算

表 2-1-15　　　　　　　　苗木栽植之栽植灌木　　　　　　　　计量单位：10株

项目		单位	单价	栽植灌木（带土球）							
				土球直径（cm 以内）							
定额编号				3-137		3-138		3-139		3-140	
				20		30		40		50	
				数量	合价	数量	合价	数量	合价	数量	合价
综合单价		元		6.45		31.08		46.49		111.51	
其中	人工费	元		4.26		22.61		33.67		82.14	
	材料费	元		0.82		1.23		2.05		3.08	
其中	机械费	元		–		–		–		–	
	管理费	元		0.77		4.07		6.06		14.79	
	利润	元		0.60		3.17		4.71		11.50	
综合人工		工日	37.00	0.115	4.26	1.25	46.25	1.67	61.79	2.22	82.14
材料	800000000 苗木	株	15.00	(10.20)		(10.20)		(10.20)		(10.50)	
	807012401 基肥	Kg		(0.08)	(1.20)	(0.50)	(7.50)	(1.00)	(15.00)	(2.00)	(30.00)
	305010101 水	m³	4.10	0.20	0.82	0.30	1.23	0.38	2.05	0.75	3.08

注：工作内容：挖塘栽植、扶正回土、捣实、筑水围浇水、复土保墒、整形、清理。

表 2-1-16　　　　踏步、阶沿石、侧塘石、锁口石、菱角石、地坪石　　　　计量单位：10m²

项目		单位	单价	踏步、阶沿石		侧塘石		锁口石	
定额编号				2-160		2-161		2-162	
				数量	合价	数量	合价	数量	合价
综合单价		元		6032.42		4353.29		5904.77	
其中	人工费	元		824.85		522.00		742.50	
	材料费	元		4656.06		2967.49		4656.06	
其中	机械费	元		63.12		372.06		63.12	
	管理费	元		381.83		384.45		346.42	
	利润	元		106.56		107.29		96.67	
综合人工		工日	45.00	18.33	824.85	11.60	522.00	16.50	742.50
材料	108010801 踏步、阶沿石	m²	450.00	10.20	4590.00				
	104040601 侧塘石	m²	280.00			10.20	2856.00		
	108010701 锁口石	m²	450.00					10.20	4590.00
	302016 干硬性水泥砂浆	m³	167.12	0.303	50.64			0.303	50.64
	302002 水泥砂浆 M5	m³	125.10			0.204	25.52		
	508200301 合金钢切割锯片	片	61.75	0.206	12.72	1.368	84.47	0.206	12.72
	其他材料费	元			2.70		1.50		2.70
机械	15024 石料切割机	台班	64.00	0.863	55.23	5.73	366.72	0.863	55.23
	06016 灰浆搅拌机 200L	台班	65.18	0.121	7.89	0.082	5.34	0.121	7.89

注：① 工作内容：石料零星加工、切割、调、运、铺砂浆，就位、安装、校正、修正缝口、固定。② 如用机剁斧，石料成品加 1% 损耗。

表 2-1-17　　　　　　　　　　堆砌假山二　　　　　　　　　　计量单位：t

定额编号				3-480		3-481		3-482	
项目		单位	单价	布置景山					
				1 t 以内		5 t 以内		10 t 以内	
				数量	合价	数量	合价	数量	合价
综合单价		元		1041.65		929.24		846.48	
其中	人工费		428.09	428.09		343.73		281.94	
	材料费		460.32	460.32		462.08		462.28	
	机械费		16.25	16.25		13.44		12.04	
	管理费		77.06	77.06		61.87		50.75	
	利润		59.93	59.93		48.12		39.47	
综合人工		工日	37.00	11.57	428.09	9.29	343.73	7.62	281.94
材料	1040050302　景湖石	t	450.00	1.00	450.00	1.00	450.00	1.00	450.00
	302014　水泥砂浆 1:2.5	m³	207.03	0.032	6.62	0.04	8.28	0.04	8.28
	其他材料费	元			3.70		3.80		4.00
机械	06016　灰浆搅拌机 200L	台班	65.18	0.013	0.85	0.016	1.04	0.016	1.04
	其他机械费	元			15.40		12.40		11.00

注：工作内容：放样、选石、运石、调、制、运混凝土（砂浆），堆砌、搭、拆简单脚手架，塞垫嵌缝、清理、养护。

表 2-1-18　　　　　　　　　　基础垫层　　　　　　　　　　计量单位：m³

定额编号				1-162		1-163		1-164		1-165	
项目		单位	单价	灰土				砂		1:1 砂石	
				3:7		2:8					
				数量	合价	数量	合价	数量	合价	数量	合价
综合单价		元		115.35		105.33		90.68		108.94	
其中	人工费	元		31.34		31.34		16.28		26.42	
	材料费	元		64.97		54.95		63.65		66.19	
	机械费	元		1.16		1.16		1.16		1.16	
	管理费	元		13.98		13.98		7.50		11.86	
	利润	元		3.90		3.90		2.09		3.31	
综合人工		工日	37.00	0.847	31.34	0.847		0.44	16.28	0.714	26.42
材料	302077　灰土 3:7	m³	63.51	1.01	64.15						
	302076　灰土 2:8	m³	53.59			1.01					
	101020401　砂（黄砂）	t	36.50					1.71	62.42	0.98	35.77
	102010300　碎石（综合）	t	37.00							0.80	29.60
	305010101　水	m³	4.10	0.20	0.82	0.20		0.30	1.23	0.20	0.82
机械	01068　夯力机（电动）夯击能力 20～62N·m	台班	24.16	0.048	1.16	0.048		0.048	1.16	0.048	1.16

注：① 工作内容：拌和、平铺、找平、夯实。② 在原土上需要打底夯者应另按本章中的打底夯定额执行。

表 2-1-19　　　　　　　　　　　　堆砌假山一　　　　　　　　　　　　计量单位：t

项目	单位	单价	高度（m 以内）1 数量	合价	2 数量	合价	3 数量	合价	4 数量	合价
定额编号			3-460		3-461		3-462		3-463	
综合单价	元		457.33		502.87		665.82		806.50	
人工费	元		97.68		124.69		170.94		195.36	
材料费	元		323.46		331.96		432.76		539.62	
机械费	元		4.93		6.32		7.42		9.01	
管理费	元		17.58		22.44		30.77		35.16	
利润	元		13.68		17.46		23.93		27.35	
综合人工	工日	37.00	2.64	97.68	3.37	124.69	4.62	170.94	5.28	195.36
材料 104050301 湖石	t	300.00	1.00	300.00	1.00	300.00	1.00	300.00	1.00	300.00
301001 C20 16 mm 32.5	m³	186.30	0.048	8.94	0.064	11.92	0.064	11.92	0.08	14.90
302014 水泥砂浆 1:2.5	m³	207.03	0.032	6.62	0.04	8.28	0.04	8.28	0.04	8.28
104030101 条石	m³	2000.00					0.05	100.00	010	200.00
104010102 块石（二片）	t	31.50	0.165	5.20	0.165	5.20	0.099	3.12	0.099	3.12
501080200 钢管	kg	3.80			0.39	1.48	0.54	2.05	0.78	2.96
402020701 木脚手架	m³	1100.00			0.0018	1.98	0.0025	2.75	0.0035	3.85
305010101 水	m³	4.10	0.17	0.70	0.17	0.70	0.17	0.70	0.25	1.03
木撑费	元							1.04		2.08
其他材料费	元			2.00		2.40		2.90		3.40
机械 06016 灰浆搅拌机 200L	台班	65.18	0.013	0.85	0.016	1.04	0.016	1.04	0.016	1.04
13072 滚筒式混凝土搅拌机（电动）	台班	97.14	0.006	0.58	0.008	0.78	0.008	0.78	0.01	0.97
其他机械费	元			3.5		4.50		5.60		7.00

注：工作内容：放样、选石、运石、调、制、运混凝土（砂浆），堆砌、搭、拆简单脚手架，塞垫嵌缝、清理、养护。

① 基础按照第一册相应定额项目执行。

② 如无条石时，可采用钢筋混凝土代用，数量与条石体积相同。

③ 如使用铁件，按实增加。

④ 超 3 m 假山如发生机械吊装，按实计算。

第二章　园林景观工程预算编制实训

一、单选题

1. 苗木地径是指苗木自地面至（　　）处的树干直径。
   A. 0.1 m
   B. 0.2 m
   C. 0.3 m
   D. 0.5 m

2. 绿篱起挖和种植，（　　）排以上视作片植，套用片植绿篱以（　　）计算。（　　）
   A. 二　延长米
   B. 二　平方米
   C. 三　延长米
   D. 三　平方米

3. 石桌、石凳按设计图示数量以（　　）计算。
   A. 项
   B. 套
   C. 个
   D. 组

4. 定额中所述的苗木成活率指由绿化施工单位负责采购，经种植、养护后达到设计要求的成活率。定额成活率为（　　）。
   A. 100%
   B. 98%
   C. 95%
   D. 90%

5. 塑假石山的工程量按（　　）计算。
   A. 外形水平投影面积计算
   B. 外形表面的展开面积
   C. 按设计图示尺寸以体积计算
   D. 按设计图示尺寸以质量计算

6. 绿地平整，按工程实际施工的面积以平方米计算，每个工程可计算（　　）次绿地平整子目。
   A. 一次
   B. 两次
   C. 三次
   D. 四次

7. 乔木分常绿、落叶二类，均按（　　）以株计算。
   A. 苗高
   B. 土球直径
   C. 年生
   D. 胸径

8. 《江苏省仿古建筑与园林工程计价表》（2007年）属于下列哪种定额（　　）
   A. 国家定额
   B. 地方定额
   C. 企业定额
   D. 行业定额

9. 各种园路垫层按设计图示尺寸，两边各放宽（　　）乘厚度以立方米计算。
   A. 5 cm
   B. 2 cm
   C. 10 cm
   D. 12 cm

10. 球型植物均按（　　）以株计算。
    A. 冠丛高
    B. 冠丛直径
    C. 冠径
    D. 蓬径

11. 金属小品按图示钢材尺寸以（　　）计算
    A. 吨
    B. 平方米
    C. 个
    D. 立方米

12. 苗木胸径是指距地面（　　）m处树干的直径。
    A. 1.0
    B. 1.2
    C. 1.3
    D. 1.5

13. 太湖石假山的计量单位是（　　）
    A. 吨
    B. 平方米
    C. 立方米
    D. 块

14. 园林工程管理费的计算基础是（　　）
    A. 人工费 + 材料费
    B. 人工费
    C. 人工费 + 材料费 + 机械费
    D. 人工费 + 机械费

15. 屋顶花园绿化时，套用相应种植项目时，人工需要乘以系数（　　）
    A. 1.1
    B. 1.15
    C. 1.2
    D. 1.25

二、多选题

1. 花坛项目通常按每平方米多少株进行测算（　　）
   A. 6.3 株
   B. 9 株
   C. 11 株
   D. 25 株
   E. 70 株

2. 塑树头通常考虑以下哪个条件后以个计算。（　　）
   A. 顶面直径
   B. 高度
   C. 体积
   D. 平均直径
   E. 质量

3. 临时设施费用内容包括（　　）等费用。
   A. 临时设施的搭设
   B. 照明设施的搭设
   C. 临时设施的维修
   D. 临时设施的拆除
   E. 摊销

4. 整理绿化草地包括哪几项内容：（　　）
   A. 土方开挖
   B. 土方运转
   C. 土方晾晒
   D. 土方压实
   E. 土方回填

5. 综合单价里包括（　　）
   A. 管理费
   B. 利润
   C. 施工机械使用费
   D. 税金
   E. 危险作业意外伤害保险费

6. 清除草皮有哪几种方法。（　　）
   A. 引入相克植物
   B. 人工中耕除草
   C. 机械中耕除草
   D. 化学除草
   E. 优胜劣汰的自然法则

7. 下列为仿古建筑与园林工程计价表中的章节名称，属于园林工程的有（ ）

    A. 假山工程   B. 木结构工程

    C. 绿化养护   D. 园林小品工程

    E. 油漆彩画工程

8. 下列费用中，不应该计入综合单价的费用是（ ）。

    A. 利润   B. 计日工

    C. 现场管理费   D. 企业管理费

    E. 施工机械使用费

9. 建设工程费用中，不可竞争费包括（ ）

    A. 现场安全文明施工措施费

    B. 工程定额测定费   C. 税金

    D. 检验试验费   E. 社会保障费

10. 起挖乔木的工作内容包括（ ）

    A. 清理场地   B. 搬运集中

    C. 出塘   D. 修剪

    E. 包扎

三、计算题

一景观水池，面积 600 m²，周长 100 m，池深挖至 1.5 m，20 cm 厚混凝土铺底，50 cm 宽黄石筑驳岸，且驳岸高出地面 30 cm，用外径 20 cm 的预制水泥管做溢水，长共 10 m，埋深 50 cm。

1）绘制该水池节点大样图。

2）列出该水池工程量清单计算表。

3）查阅定额列表计算该水池工程造价。（取费标准暂定与案例 1 相同）

4）根据当地人工、材料和机械台班市场价格列表计算该调整后的工程造价。

第二章 园林景观工程预算编制实训

项目二 园林景观工程量清单报价

在掌握了园林景观工程预算原理的基础上，本节内容就真正做到了与企业的"无缝对接"，通过实际项目导入课程，将与企业同步的工作任务作为课程驱动——对招标文件中的工程量清单进行报价。在项目操作的过程中，学生能够全面掌握目前行业中正在应用的计价软件，并能够熟练应用软件进行工程量清单报价。在操作的同时，既熟悉了园林景观工程预算定额，也对正式投标报价文件的具体要求有所掌握；同时，能够对工程量清单计价模式形成直观的认识和了解。需要说明的是，要想报价结果更贴近实际，还要对当地人工、材料和苗木的市场价格有所了解。

1. 课程概况

① 课程要求

训练目的：能够应用计价软件编制工程报价文件

训练重点：熟练工程量清单报价编制方法

学习难点：正确套用相关定额

作业时间：12 课时 + 课余时间

相关作业：了解工程招投标文件

② 教学案例

某游园景观工程工程量清单投标报价

③ 知识点

工程量清单计价

分部分项工程量清单

应用计价软件编制工程报价文件

④ 实践程序

子任务 1　某游园景观工程工程量清单投标报价文件解析

子任务 2　工程量清单计价方法学习

子任务 3　计价软件学习

子任务 4　应用计价软件编制工程量清单报价文件

⑤ 思考与练习

⑥ 相关参考资料和信息

《江苏省仿古建筑与园林工程计价表》2007 版

××市招投标网（如宜兴市招投标网：http://www.yxztb.net）

××市最新造价信息（如无锡市造价信息）

广联达服务新干线（http://www.fwxgx.com/）

第二章　园林景观工程预算编制实训

[案例] 根据图 2-2-1××镇游园景观工程图纸和工程量清单（见表 2-2-1）进行投标报价。

编码	绿化名称	单位	数量
1	草皮（百慕大）	m²	1067
2	红叶石楠	m²	358
3	重阳木	株	6
4	日本晚樱	株	7
5	垂柳	株	6
6	毛鹃球	株	55
7	瓜子黄杨球	株	27
8	四季桂	株	21
9	碧兰	株	17
10	剑兰	株	14
11	榉树	株	11
12	广玉兰	株	11
13	紫薇	株	8
14	红枫	株	4
15	银杏（嫁接）	株	10
16	山茶	株	19
17	红花继木球	株	6
18	时令花卉	m²	76

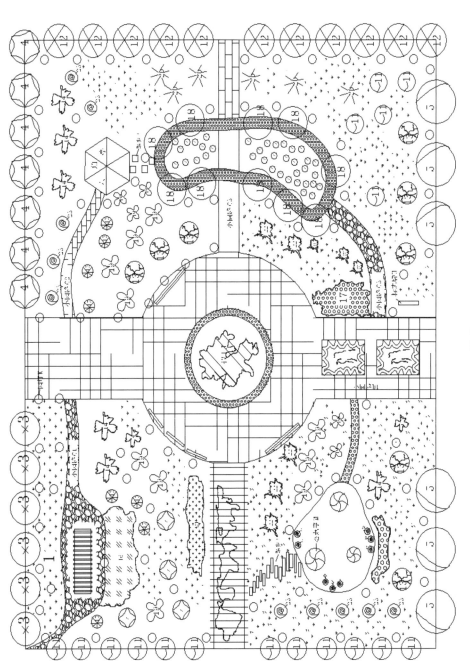

图 2-2-1　××镇游园景观工程图

表 2-2-1　　　　　　　　　　　　　　　分部分项工程量清单

工程项目：××镇游园景观工程

序号	项目编码	项目名称	项目特征描述	计量单位	工程数量
一	0501	乔木			
1	050102001001	栽植乔木	1. 乔木种类：四季桂；2. 蓬径：200～220 cm；3. 高度：220～250 cm；4. 土球直径60 cm；5. 胸径15～20 cm；6. 养护期：二年，等级标准为 II 级；7. 要求：蓬形优美完整；8. 具体要求详见施工图设计	株	21
2	050102001002	栽植乔木	1. 乔木种类：碧桃；2. 胸径：D6～8 cm；3. 蓬径：>220 cm；4. 高度：>250 cm，裸根；5. 养护期：二年，等级标准为 II 级；6. 要求：蓬形完整，分叉点<0.60 m之间，蓬下高<1.3 m；7. 具体要求详见施工图设计	株	17
二	0501	灌木			
1	050102004001	栽植灌木	1. 灌木种类：瓜子黄杨球；2. 蓬径：100～120 cm；3. 高度：100 cm，裸根；4. 养护期：二年，等级标准为 IT 级；5. 要求：蓬形优美完整，不偏冠，不脱脚；6. 具体要求详见施工图设计	株	27
2	050102004002	栽植灌木	1. 灌木种类：山茶；2. 蓬径：150 cm；3. 高度：180 cm 裸根；4. 养护期：二年，等级标准为 IT 级；5. 要求：重瓣红花，冠形饱满，枝叶紧凑；6. 具体要求详见施工图设计	株	19
三	0501	地被草坪			
1	050102010001	铺种草皮	1. 草皮种类 百慕大；2. 要求：空白处绿地满铺，秋季追播黑麦草，黑麦草用量为12～15g/m²；3. 养护期：二年，等级标准为 II 级；4. 具体要求详见施工图设计	m²	1067
四		色带			
1	050102007001	栽植色带	1. 苗木种类：红叶石楠；2. 蓬径：25～30 cm；3. 高度：30～40 cm；4. 养护期：二年，等级标准为 II 级；5. 要求：36株/m²，枝条茂盛；6. 具体要求详见施工图设计	m²	358
五	0502				
1	050201001001	园路	700 mm 混凝土栽小卵石，40 mm 厚混合砂浆，200 mm 厚碎砖	m²	95
2	050202003001	塑假山	人工塑假山，钢骨架，山高5 m，假山地基为800厚混凝土基础	m²	13
3	050202004001	石笋	高1.5 m	支	1
4	050202005001	点风景石	平均长1.3 m，宽0.7 m，高0.9 m	块	2
六	0503				
1	050303002001	现浇混凝土花架基础	厚60混凝土基础	m²	13.95
2	050303002002	现浇混凝土花架柱	花架柱截面为150 mm×150 mm，柱高2.5 m，共12根	m³	0.68
3	050303002003	现浇混凝土花架梁	花架纵梁的截面为160 mm×80 mm，梁长9.3 m，共2根	m³	0.24
4	050303002004	现浇混凝土花架梁	花架檩条截面为120 mm×50 mm，檩条长2.5 m，共15根	m³	0.23
七	0504				
1	050304008001	塑树头椅	椅子高0.35 m，直径为0.4 m	个	12
八		六角亭			
1	010101003002	挖基础土方	1. 土壤类别：现场土，2. 基础类型：条形，3. 挖土深度：详见施工图设计，4. 弃土运距：自行考虑	m³	21.56

053

项目二　园林景观工程量清单报价

序号	项目编码	项目名称	项目特征描述	计量单位	工程数量
2	010401006002	现浇垫层	垫层材料种类、厚度：素土夯实，100 mm 厚 C10 商品混凝土	m³	2.156
3	010503001003	木柱	1. 构件高度、长度：童柱直径 15 cm；2. 木材种类：水杉；3. 防护材料种类：干燥，做防白蚁、防火、防腐处理（用 CAA 防腐剂涂刷一遍）；4. 油漆品种、刷漆遍数：底油一遍，栗壳色调和漆三遍；5. 具体做法详见施工图设计	m³	0.528

根据图纸、工程量清单等招标文件相关内容，通过计价软件进行该工程量清单投标报价，文件目录如下：

封 –3 投标总价
表 –01 总说明
表 –04 单位工程投标报价汇总表
表 –08 分部分项工程量清单与计价表
表 –09 工程量清单综合单价分析表
表 –10 措施项目清单与计价表（一）
表 –11–1 措施项目清单费用分析表
表 –12 其他项目清单与计价汇总表
表 –12–1 暂列金额明细表
表 –12–2 材料暂估价格表
表 –12–3 专业工程暂估价表
表 –12–4 计日工表
表 –12–5 总承包服务费计价表
表 –12–6 索赔与现场签证计价汇总表
表 –13 规费、税金项目清单与计价表

表 –15–1 发包人供应材料一览表
表 –15–2 承包人供应主要材料一览表
甲供材料表

在编制投标报价文件时，上述所有表格都要按顺序装订成册，且封面必须有注册造价人员的签字和盖章才是有效的投标报价文件，才能作为投标文件的商务标部分。

需要注意的是上述任何一个表格都不能少，即使没有数据，也要有相应的表格。

以上表格较多，这里选择几种比较重要的表格详细讲解，主要有：表 –04 单位工程投标报价汇总表（见表 2-2-3）；表 –08 分部分项工程量清单与计价表（见表 2-2-4，表 2-2-5）；表 –09 工程量清单综合单价分析表（见表 2-2-6）；表 –10 措施项目清单与计价表（一）（见表 2-2-2）；表 –13 规费、税金项目清单与计价表（见表 2-2-7）和表 –15–2 承包人供应主要材料一览表（见表 2-2-8）等。

表 2-2-2　　　　　　　　措施项目清单与计价表（一）

工程名称：××镇游园景观工程　　　　　　　　标段：　　　　　　　　第 1 页　共 1 页

序号	项目名称	计算基础	费率 /%	金额
	通用措施项目			
1	现场安全文明施工			3649.51
1.1	基本费	FBFXHJ	1.5	1955.09
1.2	考评费	FBFXHJ	0.8	1042.72
1.3	奖励费	FBFXHJ	0.5	651.7
2	夜间施工	FBFXHJ	0	
3	冬雨季施工	FBFXHJ	0	

续表

序号	项目名称	计算基础	费率/%	金额
4	已完工程及设备保护	FBFXHJ	0	
5	临时设施	FBFXHJ	0	
6	材料与设备检验试验	FBFXHJ	0	
7	赶工措施	FBFXHJ	0	
8	工程按质论价	FBFXHJ	0	
	专业工程措施项目			
合计				3649.51

注: 本表适用于以"费率"计价的措施项目。

表 2-2-3　　　　　　　　　　单位工程投标报价汇总表

工程名称: ××镇游园景观工程　　　　　　　标段:　　　　　　　第 1 页 共 1 页

序号	汇总内容	金额/元	其中: 暂估价/元
1	分部分项工程	130339.58	
1.1	绿化工程	58972.55	
1.2	园路园桥假山工程	58241.54	
1.3	园林景观工程	13125.49	
2	措施项目	4101.05	
2.1	安全文明施工费	3649.51	
3	其他项目		
3.1	暂列金额		
3.2	专业工程暂估价		
3.3	计日工		
3.4	总承包服务费		
4	规费	4839.86	
4.1	工程排污费	134.44	
4.2	建筑安全监督管理费		
4.3	社会保障费	4033.22	
4.4	住房公积金	672.2	
5	税金	4846.96	
投标报价合计 =1+2+3+4+5		144,127.45	

注: 本表适用于单位工程招标控制价或投标报价的汇总, 如无单位工程划分, 单项工程也使用本表汇总。

表 2-2-4 　　　　　　　　　　　　　分部分项工程量清单与计价表

工程名称：××镇游园景观绿化工程　　　　　　　标段：　　　　　　　　

序号	项目编码	项目名称	项目特征描述	计量单位	工程量	金额/元		
						综合单价	合价	其中：暂估价
一		绿化工程					58972.55	
1	050102001001	栽植乔木	1. 乔木种类：四季桂；2. 蓬径：200～220 cm；3. 高度：220～250 cm；4. 土球直径 60 cm；5. 胸径 15～20 cm；6. 养护期：二年，等级标准为 II 级；7. 要求：蓬形优美完整；8. 具体要求详见施工图设计	株	21	253.8	5329.8	
2	050102001003	栽植乔木	1. 乔木种类：碧桃；2. 胸径：D6～8 cm；3. 蓬径：＞220 cm；4. 高度：＞250 cm，裸根；5. 养护期：二年，等级标准为 II 级；6. 要求：蓬形完整，分叉点＜0.60m 之间，蓬下高＜1.3m；7. 具体要求详见施工图设计	株	17	229.47	3900.99	
3	050102007002	栽植色带	1. 苗木种类：红叶石楠；2. 蓬径：25～30 cm；3. 高度：30～40cm；4. 养护期：二年，等级标准为 II 级；5. 要求：36 株/m²，枝条茂盛；6. 具体要求详见施工图设计	m²	358	74.15	26545.7	
4	050102004002	栽植灌木	1. 灌木种类：瓜子黄杨球；2. 蓬径：100～120 cm；3. 高度：100 cm；4. 养护期：二年，等级标准为 IT 级；5. 要求：蓬形优美完整，不偏冠、不脱脚；6. 具体要求详见施工图设计	株	27	316.33	8540.91	
5	050102004003	栽植灌木	1. 灌木种类：山茶；2. 蓬径：150cm；3. 高度：180cm；4. 养护期：二年，等级标准为 IT 级；5. 要求：重瓣红花，冠形饱满，枝叶紧凑；6. 具体要求详见施工图设计	株	19	176.05	3344.95	
6	050102010002	铺种草皮	1. 草皮种类：百慕大；2. 要求：空白处绿地满铺，秋季追播黑麦草，黑麦草用量为 12～15g/m²；3. 养护期：二年，等级标准为 II 级；4. 具体要求详见施工图设计	m²	1067	10.6	11310.2	
			本页小计				58972.55	

注：根据建设部、财政部发布的《建筑安装工程费用组成》（建标〔2003〕206 号）的规定，为计取规费等的使用，可在表中增设其中："直接费"、"人工费"或"人工费＋机械费"。

表 2-2-5 　　　　　　　　　　　　　分部分项工程量清单与计价表

工程名称：××镇游园景观工程　　　　　　　标段：　　　　　　　　

序号	项目编码	项目名称	项目特征描述	计量单位	工程量	金额/元		
						综合单价	合价	其中：暂估价
二		园路园桥假山工程					58241.54	
7	050201001001	园路	700 mm 混凝土栽小卵石，40 mm 厚混合砂浆，200 mm 厚碎砖	m²	95	470.82	44727.9	
8	050202003001	塑假山	人工塑假山，钢骨架，山高 5 m，假山地基为 800 厚混凝土基础	m²	13	499.61	6494.93	

序号	项目编码	项目名称	项目特征描述	计量单位	工程量	金额／元		其中：暂估价
						综合单价	合价	
9	050202004001	石笋	高 1.5 m	支	1	422.21	422.21	
10	050202005001	点风景石	平均长 1.3 m，宽 0.7 m，高 0.9 m	块	2	3298.25	6596.5	
三		园林景观工程					13125.49	
11	050303002001	预制混凝土花架柱、梁	厚 60 混凝土基础	m³	13.95	513.96	7169.74	
12	050303002002	预制混凝土花架柱、梁	花架柱截面为 150 mm×150 mm，柱高 2.5 m，共 12 根	m³	0.68	298.49	202.97	
13	050303002003	预制混凝土花架柱、梁	花架纵梁的截面为 160 mm×80 mm，梁长 9.3 m，共 2 根	m³	0.24	295.49	70.92	
14	050303002004	预制混凝土花架柱、梁	花架檩条截面为 120 mm×50 mm，檩条长 2.5 m，共 15 根	m³	0.23	295.51	67.97	
15	050304008001	塑树头椅	椅子高 0.35 m，直径为 0.4 m	个	12	140.34	1684.08	
16	010101003002	六角亭挖基础土方	1.土壤类别：现场土；2.基础类型：条形；3. 挖土深度：详见施工图设计；4. 弃土运距：自行考虑	m³	21.56	10.04	216.46	
17	010401006002	六角亭垫层	1. 垫层材料种类、厚度：素土夯实，100 mm 厚 C10 商品混凝土	m³	2.16	272.87	589.4	
18	010503001003	六角亭木柱	1. 构件高度、长度：童柱直径15cm；2. 木材种类：水杉；3. 防护材料种类：干燥，做防白蚁、防火、防腐处理（用 CAA 防腐剂涂刷一遍）；4. 油漆品种、刷漆遍数：底油一遍，栗壳色调和漆三遍；5. 具体做法详见施工图设计	m³	0.53	5894.24	3123.95	
		本页小计					71367.03	
		合计					71367.03	

注：根据建设部、财政部发布的《建筑安装工程费用组成》（建标〔2003〕206号）的规定，为计取规费等的使用，可在表中增设其中：
"直接费"，"人工费"或"人工费＋机械费"。

表2-2-6　　　　　　　　　　工程量清单综合单价分析表

工程名称：××镇游园景观工程　　　　　　　　标段：　　　　　　　　第 1 页 共 19 页

项目编码	050102001001	项目名称	栽植乔木	计量单位	株

清单综合单价组成明细

定额编号	定额名称	定额单位	数量	单价					合价				
				人工费	材料费	机械费	管理费	利润	人工费	材料费	机械费	管理费	利润
3~140	栽植灌木（带土球）土球直径在 50 cm 内	10 株	0.1	222	3.75		82.14	26.64	22.2	0.38		8.21	2.66

项目编码	050102001001	项目名称	栽植乔木	计量单位	株

清单综合单价组成明细

定额编号	定额名称	定额单位	数量	单价					合价				
				人工费	材料费	机械费	管理费	利润	人工费	材料费	机械费	管理费	利润
3~358	Ⅱ级养护常绿乔木胸径30 cm以内单价×1.8	10株	0.1	303.47	164.7	121.82	157.36	51.03	30.35	16.47	12.18	15.74	5.1
综合人工工日				小计					52.55	16.85	12.18	23.95	7.76
0.5255 工日				未计价材料费					140.5				
清单项目综合单价									253.8				

材料费明细	主要材料名称、规格、型号	单位	数量	单价/元	合价/元	暂估单价/元	暂估合价/元
	水	m³	0.489	5	2.45		
	肥料	kg	2.7	4	10.8		
	药剂	kg	0.09	40	3.6		
	基肥	kg	0.2	20	4		
	苗木（四季桂）	株	1.05	130	136.5		
	其他材料费			—		—	
	材料费小计			—	157.35	—	

表 2-2-7　　　　　　规费、税金项目清单与计价表

工程名称：××镇游园景观工程　　　　　　　标段：　　　　　　　第 1 页 共 1 页

序号	项目名称	计算基础	费率/%	金额/元
1	规费	工程排污费+建筑安全监督管理费+社会保障费+住房公积金		4839.86
1.1	工程排污费	分部分项工程+措施项目+其他项目	0.1	134.44
1.2	建筑安全监督管理费	分部分项工程+措施项目+其他项目	0	
1.3	社会保障费	分部分项工程+措施项目+其他项目	3	4033.22
1.4	住房公积金	分部分项工程+措施项目+其他项目	0.5	672.2
2	税金	分部分项工程+措施项目+其他项目+规费	3.48	4846.96
合计				9686.82

表 2-2-8

工程名称：××镇游园景观工程　　　　　　　　标段：　　　　　　　　

序号	材料编码	材料名称	规格型号等要求	单位	数量	单价/元	合价/元
1	CLFTZ	材料费调整		元	-0.30	1.00	-0.30
2	305010101	水		m³	208.88	5.00	1044.42
3	807012901	肥料		kg	213.57	4.00	854.28
4	807013001	药剂		kg	14.03	40.00	561.17
5	101020201	中砂		t	86.18	36.50	3145.49
6	102010304	碎石	5～40mm	t	134.97	36.50	4926.54
7	301010102	水泥	32.5 级	kg	30847.93	0.30	9254.38
8	104010401	本色卵石		t	8.27	170.00	1405.05
9	102020102	彩色卵石		t	2.09	151.00	315.59
10	501110701	镀锌钢丝网	10 号网眼 50×50	m²	13.98	11.26	157.36
11	507030101	电焊条		kg	1.70	4.80	8.17
12	501040000	钢筋	（综合）	t	0.09	3800.00	326.04
13	605120102	塑料薄膜		m²	33.55	0.86	28.85
14	104050801	石笋	2m 以内	块	1.00	110.00	110.00
15	104050301	湖石		t	0.20	360.00	72.00
16	102010301	碎石	5～16mm	t	0.04	31.50	1.23
17	104050302	景湖石		t	3.60	570.00	2052.00
18	800000000@2	苗木（碧桃）		株	17.85	148.00	2641.80
19	800000000@4	苗木（瓜子黄杨球）		株	29.70	55.00	1633.50
20	800000000@5	苗木（山茶）		株	19.95	93.00	1855.35
21	806041001@1	草皮（百慕大）		m²	326.50	6.00	1959.01
22	800000001@1	苗木（红叶石楠）		m²	365.16	45.00	16432.20
23	800000000@7	苗木（四季桂）		株	22.05	130.00	2866.50
24	Z104050401@1	黄石		t	0.2	190	38

注：① 此表由投标人填写。② 此表中不包括由承包人提供的暂估价格材料。

2. 知识点

1）工程量清单报价

清单即记载有关项目的明细单，工程量清单就是记载建设工程工程量的明细单。工程量清单报价就是以给定的工程量明细单为依据进行工程报价。

在工程量清单报价之前，我国一直实行定额计价法，定额计价法也称传统计价法，是指以工程项目的设计施工图纸、计价定额（概、预算定额）、费用定额、施工组织设计或施工方案等文件资料为依据计算和确定工程造价的一种计价模式。在我国实行计划经济的几十年里，建设单位和施工企业按照国家的规定，都采用这种定额计价模式计算拟建工程项目的工程造价，并将其作为结算工程价款的主要依据。

在定额计价模式中，国家和政府作为运行的主体，以法定的形式进行工程价格构成的管理，而与价格行为密切相关的建筑市场主体，发包人和承包人却没有决策权与定价权，其主体资格形同虚设，影响了发包人投资的积极性，抹杀了承包人生产经营的主动性。

改革开放以后，随着社会主义市场经济体制的建立和逐步完善，由政府定价的定额计价模式已不能适应我国建筑市场的发展，更不能满足与国际接轨的需要，工程量清单计价模式随着工程造价管理体系改革的深化应运而生了，建筑产品的价格逐渐由国家指导价过渡到国家调控价。

为了规范建设工程投标报价的计价行为，统一建设工程工程量清单的编制和计价方法，维护招标人和投标人的合法权益，促进建设工程的市场化进程，《建设工程工程量清单计价规范》（以下简称《规范》）由建设部批准，自2003年7月1日起施行，建设工程招标投标中的投标报价活动，全面推行工程量清单计价的报价方法。即：招标人必须按照《规范》的规定编制工程量清单，并列入招标文件中提供给投标人，投标人也必须按照《规范》的要求填报工程量清单计价表，并据此进行投标报价。

工程量清单计价法是目前我国建筑行业通用的计价方法。

2）工程量清单计价的特点
① 强制性
工程量清单计价是由建设主管部门按照国家标准的要求颁布的，规定全部使用国有资金或国有资产投资为主的大中型建设工程应按计价规范规定执行。同时，还明确了工程量清单是建设工程招标文件的组成部分，并规定了招标人在编制工程量清单时必须遵守的规则，即：统一项目编码、统一项目名称、统一计量单位、统一工程量计算规则。

② 实用性
在工程量清单项目及计算规则的项目名称上表现的是工程实体项目，项目名称明确清晰，计算规则简洁明了。特别还列有项目特征和工程内容，便于编制工程量清单时确定具体项目名称和投标报价。同时，由于统一提供了工程量清单，简化了投标报价的计算过程，减少了重复劳动，方便实用。

③ 通用性
中国经济日益融入全球市场，我国相关企业海外投资和经营的项目也在增加，工程量清单计价可以与国际惯例接轨，有利于国内企业参与国际竞争，也有利于提高工程建设的管理水平。

3）工程量清单计价的作用
① 给企业提供一个平等竞争的平台
采用施工图预算进行投标报价，由于设计图纸难免有些缺陷，加上不同施工企业的人员理解不一，计算出的工程量也不同，报价就更相去甚远，也容易产生纠纷。而工程量清单报价就为投标者提供了一个平等竞争的条件，相同的工程量，由企业根据自身的实力填报不同的单价。投标人的这种自主报价，使得企业的优势体现到投标报价中，可在一定程度上规范建筑市场秩序，确保工程质量。

② 满足市场经济条件下竞争的需要
招标投标过程就是竞争的过程，招标人提供工程量清单，投标人根据自身情况确定综合单价，利用综合单价和工程量逐项计算每个项目的合价，再分别填入工程量清单表内，计算出投标总价。单价成了决定性因素，定高了不能中标，定低了又要承担风险。单价的高低取决于企业管理水平和技术水平的高低。这种局面促成了企业整体实力的竞争，有利于我国建设市场的快速发展。

③ 有利于提高工程计价效率，能真正实现快速报价
采用工程量清单计价模式，避免了传统计价方式下招标人与投标人在工程量计算上的重复工作，以招标人提供的工程量清单为统一平台，结合自身的管理水平与施工方案进行报价，各投标人为了快速报价，自然会加强企业定额的完善和工程造价信息的积累和整理工作。

④ 有利于工程款的拨付和最终结算

中标后，业主要与中标单位签订施工合同，中标价就是确定合同价的基础，投标清单上的单价就成了拨付工程款的依据。业主根据施工企业完成的工程量，很容易确定进度款的拨付额。工程竣工后，业主也很容易确定工程的最终造价，有效减少业主与施工单位之间的纠纷。

⑤ 有利于业主对投资的控制

采用传统报价方式，业主对施工过程中因设计、工程量变更引起的工程造价变化不敏感，往往等到竣工结算时，才知道这些变更对工程造价的影响有多大，但此时常常是为时已晚。而采用工程量清单报价的方式则可对投资变化一目了然，业主就能根据投资情况决定是否变更或进行方案比较，以决定最恰当的处理方法。

除上述以外，工程量清单计价还有利于"逐步建立以市场形成价格为主的价格机制"，这一工程造价体制改革的目标，有利于将工程的"质"与"量"紧密结合起来，有利于业主获得最合理的工程造价，也有利于中标企业精心组织施工，控制成本，充分体现企业自身的管理优势。

4）工程量清单的内容及格式

工程量清单是指拟建工程的分部分项工程项目、措施项目、其他项目、零星工作项目的名称和相应数量的明细清单。由分部分项工程量清单、措施项目清单、其他项目清单、零星工作项目表等内容组成。其中，分部分项工程量清单是核心。

工程量清单是招标文件和工程合同的重要组成部分，是编制招标工程控制价、投标报价、签订工程合同、调整工程量、支付工程进度款和办理竣工结算的依据。

《建设工程工程量清单计价规范》（以下简称《清单规范》）中对工程量清单的格式进行了统一规定，其内容有：工程量清单封面、填表须知、工程量清单总说明、分部分项工程量清单、措施项目清单、其他项目清单和零星工作项目表。工程量清单的编写应由招标人完成，除以上规定的内容以外，招标人可根据具体情况进行补充。

① 工程量清单封面

招标人需在工程量清单封面上填写：拟建的工程项目名称、招标人（招标单位）法定代表人、中介机构法定代表人、造价工程师及注册证号、编制时间。

② 工程量清单填表须知

招标人在编写工程量清单表格时，必须按照所规定的要求完成。具体规定如下：

a. 工程量清单及其计价格式中所有要求签字、盖章的地方，必须由规定的单位和人员签字、盖章。

b. 工程量清单及其计价格式中的任何内容不得随意删除或涂改。

c. 工程量清单计价格式中列明的所有需要填报的单价和合价，投标人均应填报，未填报的单价和合价，视为此项费用已包含在工程量清单的其他单价及合价之中。

③ 工程量清单总说明

工程量清单总说明主要是招标人用于说明招标工程的工程概况、招标范围、工程量清单的编制依据、工程质量的要求、主要材料的价格来源等。

④ 分部分项工程量清单

分部分项工程量清单包括项目编码、项目名称、计量单位和工程数量等四项内容。编制分部分项工程量清单，主要工作是将设计图纸规定要实施完成的工程的全部对象、内容和任务等列成清单，列出分部分项工程的项目名称，计算出相应项目的实体工程数量，制作完成工程量清单表。

⑤ 措施项目清单

措施项目是指为了完成工程项目施工，发生于工程施工前和施工过程中的技术、生活、安全等方面的非工程实体的项目。在措施项目清单中应将这些非工程实体的项目逐一列出。

⑥ 其他项目清单

其他项目清单是指分部分项工程量清单和措施项目清单以外，该工程项目施工中可能发生的其他费用。工程建设标准的高低、工程的复杂程度、工程的工期长短、工程的组成内容等直接影响其他项目清单中的具体内容。其他项目清单分招标人部分和投标人部分。

招标人部分包括预留金、材料购置费等。投标人部分包括总承包服务费、零星工作项目费等。

下，建筑工程的费用统一由五部分组成，即：分部分项工程费用、措施项目清单费用、其他项目费用、规费和税金，见表2-2-9。

5）工程量清单计价模式下工程造价的内容

我国现行计价模式为工程量清单计价模式，在此模式

表2-2-9　　　　　　　　　　工程量清单计价模式下工程造价组成表

序号	费用名称			计算公式	备注
一	分部分项工程费用			工程量 × 综合单价	
	其中	1. 人工费		计价表人工消耗量 × 人工单价	
		2. 材料费		计价表材料消耗量 × 材料单价	
		3. 机械费		计价表机械消耗量 × 机械单价	
		4. 企业管理费		（1＋3）× 费率	
		5. 利润		（1＋3）× 费率	
二	措施项目清单费用			分部分项工程费 × 费率 或综合单价 × 工程量	
三	其他项目费用				
四	规费				
	其中	1. 工程排污费		（一＋二＋三）× 费率	按规定计取
		2. 建筑安全监督管理费			
		3. 社会保障费			
		4. 住房公积金			
五	税金			（一＋二＋三＋四）× 费率	按当地规定计取
六	工程造价			一＋二＋三＋四＋五	

3. 分部分项工程量清单

分部分项工程量清单应满足工程计价的要求，同时还应满足规范管理、方便管理的要求。通常根据附录规定的项目编码、项目名称、项目特征、计量单位和工程量计算规则五个要素，按照"统一项目编码、统一项目名称、统一计量单位、统一工程量计算规则"四统一的原则进行编制。其格式如图2-2-2。

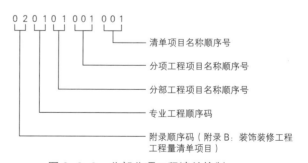

图2-2-2　分部分项工程清单编制

1）项目编码

分部分期工程量清单中的项目编码统一按12位数字表示，前9位为全国统一编码，在编制分部分期工程量清单时，应按"计价规范"附录B的规定设置，不得变动；10～12位是清单项目名称编码，应根据拟建工程的工程量清单项目名称由清单编制人设置，并应自001起顺序编制。

[例 1]：项目编码为 020101001001 的工程项目是水泥砂浆楼地面中的某一类。

前两位数 02 表示装饰装修工程工程量清单项目
（根据附录 B：01——土建；02——装饰；03——安装；04——市政；05——园林工程）

第三四位数 01 表示楼地面工程
（02——墙、柱面工程；03——天棚工程；04——门窗工程；05——油漆、涂料、裱糊工程；06——其他工程）

第五六位数 01 表示整体面层
（以楼地面工程为例：02——块料面层；03——橡塑面层；04——其他材料面层；05——踢脚线；06——楼梯装饰等 9 项）

第七八九位数 001 表示水泥砂浆楼地面
（以整体面层为例：002——现浇水磨石、003——细石混凝土、004——菱苦土）

最后三位数 001 表示水泥砂浆楼地面
（因厚度不同、材料不同或所处基层不同而分开列项，依次编码 001、002、003 等）

[例 2]：项目编码为 050101001001 的工程项目是园林绿化中的某一类。

前两位数 05 表示园林工程工程量清单项目
（根据附录 B：01——土建；02——装饰；03——安装；04——市政；05——园林工程）

第三四位数 01 表示绿化种植
（02——绿化养护；03——假山工程；04——园路及园桥工程；05——园林小品工程）

第五六位数 01 表示苗木起挖
（以绿化种植为例：02——苗木栽植；03——假植；04——栽植技术措施；05——人工换土）

第七八九位数 001 表示起挖乔木
（以苗木起挖为例：002——起挖灌木；003——起挖绿篱；004——起挖竹类；005——起挖攀缘植物及水生植物；006——起挖露地花卉及草皮）

最后三位数 001 表示起挖乔木（因是否带土球，或土球直径不同、苗木胸径不同而分开列项，依次编码 001、002、003 等）

2）项目名称

确定项目名称时应考虑如下因素：

a. 施工图纸；

b.《建设工程工程量清单计价规范》附录 B 中的项目名称；

c. 附录 B 中的项目特征，包括项目的要求、材料的规格、型号、材质等特征要求；

d. 拟建工程的实际情况。

其中，招标人清单编制的质量高下，项目特征是重要的体现。项目特征也是决定清单综合单价的重要因素，是投标人投标报价的参考，也是后期索赔的依据。

3）计量单位

各清单工程量计量单位均应按《建设工程工程量清单计价规范》附录 B 中各分部分项工程规定的"计量单位"执行。

4）工程量计算

工程量清单表中的工程数量应按所列工程子目逐项计算，计算应按《建设工程工程量清单计价规范》附录 B 中工程量计算规则进行，计算式应符合规则的要求。工程量的有效位数应遵循以下规定：

① 以"吨"为单位的，保留小数点后三位数，第四位四舍五入。

② 以"m³"、"m²"、"m"为单位的，保留小数点后两位数，第三位四舍五入。

③ 以"个"、"项"为单位的，应取整数。

4. 应用计价软件编制工程报价文件

在现代工程造价领域，通过计价软件进行工程量清单编制、招标控制价编制、投标计价文件编制及造价管理等是无法改变的发展趋势，甚至工程量的计算也可以应用软件完成。但是，对于初学预算的人，学习手工计算依然是很好的方式。因为手算有助于初学者对整个计价项目做到心中有数，促使初学者对图纸和定额进行详细理解，而且还能积累一些计算经验，增长计算实力，奠定坚实的预算基础。

然而，手算除了费时费力，还有可能造成较大的误差，预算软件以其预算误差小、预算费时少等明显优势被广为应用。现在，工程造价领域应用较多的有广联达预算软件和神机妙算预算软件等，不管何种预算软件，他们的基本功能和操作方法都相差不大。但是，预算软件的运行是以插入相对应的加密锁为前提的。下面以广联达计价软件为例，详细讲解计价软件的应用情况。

GBQ4.0是广联达推出的融计价、招标管理、投标管理于一体的全新计价软件，旨在帮助工程造价人员解决电子招投标环境下的工程计价、招投标业务问题，使计价更高效、招标更便捷、投标更安全。

1）软件构成及应用流程

GBQ4.0包含三大模块：招标管理模块、投标管理模块、清单计价模块。招标管理和投标管理模块是从整个项目的角度进行招投标工程造价管理。清单计价模块用于编辑单位工程的工程量清单或投标报价。在招标管理和投标管理模块中可以直接进入清单计价模块，软件使用流程见图2-2-3。

2）软件操作

对于招标方和投标方，软件在应用上有一定的区别。

① 招标方的工作内容及程序

a. 新建招标项目。包括新建招标项目工程，建立项目结构。

b. 编制单位工程分部分项工程量清单。包括输入清单项，输入清单工程量，编辑清单名称，项目特征等的分部整理。

c. 编制措施项目清单。

d. 编制其他项目清单。

e. 编制甲供材料、设备表。

f. 查看工程量清单报表。

g. 生成电子标书。包括招标书自检，生成电子招标书，打印报表，刻录及导出电子标书。

② 投标方的工作及程序

a. 新建投标项目，导入电子招标书。

b. 编制单位工程分部分项工程量清单计价。包括套定额子目，输入子目工程量，子目换算，设置单价构成。

c. 编制措施项目清单计价。包括计算公式组价、定额组价、实物量组价三种方式。

d. 编制其他项目清单计价。

e. 人材机汇总。包括调整人材机价格，设置甲供材料、设备。

f. 查看单位工程费用汇总。包括调整计价程序，工程造价调整。

g. 查看报表。

h. 汇总项目总价。包括查看项目总价，调整项目总价。

i. 生成电子标书。包括符合性检查，投标书自检，生成电子投标书，打印报表，刻录及导出电子标。

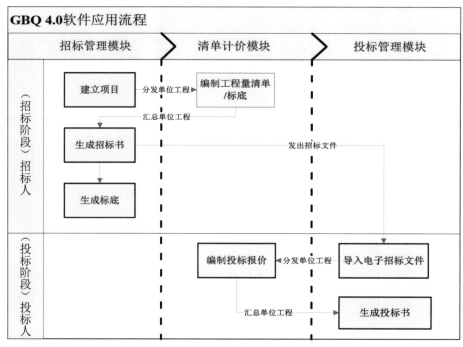

图 2-2-3　GBQ4.0 软件使用流程图

③ 投标方编制清单报价操作实例

a. 新建投标项目：在工程文件管理界面，单击【新建项目】→【新建投标项目】，如图2-2-4所示。在新建投标工程界面，单击【浏览】，在桌面找到电子招标书文件，单击【打开】，软件会导入电子招标文件中的项目信息。如图2-2-5所示。单击下方【确定】，软件进入投标管理主界面，可以看到项目结构被完整导入进来，如图2-2-6所示。

提示：除项目信息、项目结构外，软件还导入了所有单位工程的工程量清单内容。

b. 进入单位工程界面：选择绿化工程，单击【进入编辑窗口】，在新建清单计价单位工程界面选择清单库、定额库及专业，并输入如图2-2-7所示内容。

单击【确定】后，软件会进入单位工程编辑主界面，能看到已经导入的工程量清单，如图2-2-8所示。

c. 套定额组价：在园林工程中，套定额组价通常采用的方式有以下两种。

直接输入：选择栽植乔木清单，单击【插入】→【插入子目】，如图2-2-9所示。在空行的编码列输入3-140后单击【回车】，软件将定额内容全部导入，且自动生成合价。如图2-2-10所示。提示：输入完子目编码后，单击回车光标会跳格到工程量列，再次单击【回车】软件会在子目下插入另一个子目空行，光标自动跳格到空行的编码列，这样能通过回车键快速切换。

查询输入：选中050102001001栽植乔木清单，单击【查询定额库】，选择第三册园林工程，绿化种植章节，选中3-140子目，单击【选择子目】即可，如图2-2-11所示；也可以双击所选定额或点中所选定额单击右上角的【插入】，结果一样。

④ 换算

a. 系数换算：如果是装饰清单，水泥砂浆楼地面清单下的"12-15"子目，单击子目编码列，使其处于编辑状态，在子目编码后面输入□*1.5，如图2-2-12所示，软件就会把这条子目的单价乘以1.5的系数，如图2-2-13所示。

b. 标准换算：选中水泥砂浆楼地面清单下的"12-15"子目，在下半部分功能区单击【标准换算】，在下方窗口的标准换算界面选择水泥砂浆的实际厚度，如图2-2-14所示。

说明：标准换算可以处理的换算内容包括：定额书中

图2-2-4　新建投标项目对话框

的章节说明、附注信息，混凝土、砂浆标号换算，运距、板厚换算。在实际工作中，大部分换算都可以通过标准换算来完成。

⑤ 补充子目

如果上述几种方法都没有合适的定额项对清单进行报价，则可选择补充子目。选中栽植乔木清单，单击【补充】→【补充子目】，如图2-2-15所示。在弹出的对话框中输入编码、专业章节、名称、单位、工程量和人材机等信息，单击确定，即可补充子目，如图2-2-16所示。

提示：补充清单项不套定额，直接给出综合单价。

⑥ 措施项目组价

措施项目的计价方式包括三种，分别为计算公式计价方式、定额计价方式、实物量计价方式，这三种方式可以互相转换。一般为实物量计价方式或计算公式计价方式，且软件将其设置为缺省值。

单击左侧"措施项目"菜单，如图2-2-17所示。软件已将该项工程的取费费率载入，采用计算公式计价方式，只需要给所取费项目选择合适的计价基数即可，如图2-2-18所示。

用同样的方式可以设定其他措施费的计算基数，软件自动汇总所有措施项目费用并列入总费用。

⑦ 其他项目清单

如图2-2-19所示，投标人部分没有发生费用。

如果有发生的费用，直接在投标人部分输入相应金额即可。

⑧ 人材机汇总

a. 载入造价信息：在人材机汇总界面，选择材料表，单击【载入造价信息】，如图2-2-20所示。

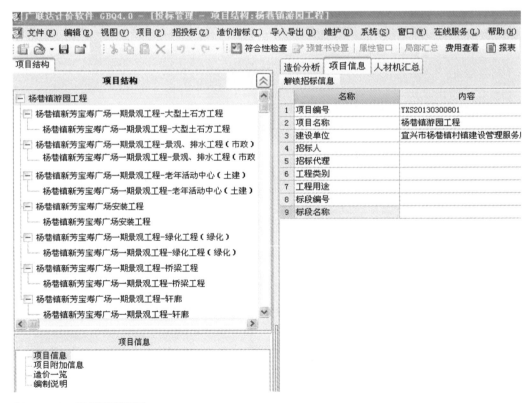

图 2-2-5 导入电子招标书对话框

图 2-2-6 投标管理界面

-景观、排水工程（市政
当年活动中心（土建）
-老年活动中心（土建）

录化工程（绿化）
-绿化工程（绿化）☞
乔梁工程
-桥梁工程
干廊
-轩廊

新建单位工程

计价方式：

◉ 清单计价　　○ 定额计价(工料机法)　　○ 定额计价(仿清单法/综合单价法)

🔍 按向导新建　　📝 按模板新建

清单库：　工程量清单项目设置规则(2008-江苏) ▾　　清单专业：　园林绿化工程

定额库：　江苏省仿古建筑与园林工程计价表(2001 ▾　　定额专业：　第三册 园林工程

模板类别：　园林　　　　　　　　　　　　　　　▾

工程名称：　杨巷镇新芳宝寿广场一期景观工程-绿化工程

	名称	内容
1	工程类别	三类工程
2	费用年限	09年5月1日后费

图 2-2-7　单位工程界面

项目二　园林景观工程量清单报价

广联达计价软件 GBQ4.0 - [投标管理 - 项目结构:杨巷镇游园工程]

文件(F) 编辑(E) 视图(V) 项目(P) 招投标(Z) 造价指标(I) 导入导出(D) 维护(D) 系统(S) 窗口(W) 在线服务(L)

符合性检查　预算书设置　**属性窗口**　局部汇总　费用查看

造价分析　工程概况　**分部分项**　措施项目　其他项目　人材机汇总　费用汇总

插入 ▾　添加 ▾　补充 ▾　查询 ▾　存档 ▾ 🔍　整理清单 ▾　组价复用 ▾　相似工程 ▾ ｜ 换算 ▾　调价 ▾　其他 ▾

	编码	类别	名称	项目特征	单位	工程量
			整个项目			1
B1	0501	部	乔木			1
1	050102001001	项	栽植乔木	1、乔木种类:香樟A，2、胸径:14.1-16cm，3、蓬径:>300cm，4、高度:>550cm，5、养护期:二年,等级标准为II级，6、要求:树冠丰满，姿态优美，全冠,第一分枝2.0m,三级分权以上，7、具体要求详见施工图设计	株	26
2	050102001002	项	栽植乔木	1、乔木种类:香樟B，2、胸径:20-25cm，3、蓬径:>400cm，4、高度:>600cm，5、养护期:二年,等级标准为II级，6、要求:树冠丰满，姿态优美，全冠,第一分枝2.2m,三级分权以上，7、具体要求详见施工图设计	株	1
3	050102001003	项	栽植乔木	1、乔木种类:榉树，2、胸径:16-18cm，3、蓬径:>350cm，4、高度:>600cm，5、养护期:二年,等级标准为II级，6、要求:树冠丰满，姿态优美，全冠,第一分枝1.8-2.0m,三级分权以上，7、具体要求详见施工图设计	株	19
4	050102001004	项	栽植乔木	1、乔木种类:重阳木，2、胸径:14.1-16cm，3、蓬径:301-350cm，4、高度:551-600cm，5、养护期:二年,等级标准为II级，6、要求:全冠...	株	6

图 2-2-8　报价编辑界面

插入 ▾　添加 ▾　补充 ▾ ｜ 🔒 解除流

插入清单项	Ctrl+Ins
插入子目	**Ins**
插入一级分部	
插入二级分部	
插入三级分部	
插入四级分部	

图 2-2-9　套用定额对话框

(E) 编辑(E) 视图(V) 项目(P) 造价指标(I) 导入导出(D) 维护(D) 系统(S) 窗口(W) 帮助(H)

符合性检查　预算书设置　属性窗口　局部汇总　费用查看　报表

价分析　工程概况　分部分项　措施项目　其他项目　人材机汇总　费用汇总

入 ▾　添加 ▾　补充 ▾　查询 ▾　存档 ▾　整理清单 ▾　组价复用 ▾　相似工程 ▾ ｜ 换算 ▾　调价 ▾　其他 ▾　展开到 ▾

	编码	类别	名称	项目特征	单位	工程量	综合单价	综合合价
			整个项目			1		5329.8
1	050102001001	补项	栽植乔木	1、乔木种类:四季桂，2、蓬径:200-220cm，3、高度:220-250cm，4、土球直径60cm 5、胸径:15-20cm 6、养护期:二年,等级标准为II级，7、要求:蓬形优美完整，8、具体要求详见施工图设计	株	21	253.8	5329.8
	3-140	借	栽植灌木(带土球) 土球直径在50cm内		10株	2.1	1739.53	3653.01
	3-358	借换	II级养护 常绿乔木 胸径30cm以内 单价*1.8		10株	2.1	798.38	1676.6

图 2-2-10　定额导入后界面

编码	类别	名称	项目特征	单位	工程量	综合单
—		整个项目			1	
050102001001	补项	栽植乔木	1、乔木种类:四季桂，2、蓬径:200-220cm，3、高度:220-250cm，4、土球直径60cm 5、胸径15-20cm 6、养护期:二年,等级标准为II级 7、要求:蓬形优美完整，8、具体要求详见施工图设计	株	21	
…	定	自动提示:请输入子目简称			0	

查询

清单指引	清单	定额	人材机	价格文件	补充人材机	一体库查询

江苏省仿古建筑与园林工程计价表(2 ▼

章节查询 | 条件查询

	编码	名称	单位	单价
册 通用项目	1	3-133	栽植灌木(带土球) 土球直径在20cm内 25株内/m2	10m2	52.9
册 营造法原作法项目	2	3-134	栽植灌木(带土球) 土球直径在20cm内 11株内/m2	10m2	62.86
册 园林工程	3	3-135	栽植灌木(带土球) 土球直径在30cm内 6.3株内/m2	10m2	83.12
绿化种植	4	3-136	栽植灌木(带土球) 土球直径在30cm内 30 4株内/m2	10m2	109.41
苗木起挖	5	3-137	栽植灌木(带土球) 土球直径在20cm内	10株	6.45
苗木栽植	6	3-138	栽植灌木(带土球) 土球直径在30cm内	10株	31.08
栽植乔木	7	3-139	栽植灌木(带土球) 土球直径在40cm内	10株	46.49
栽植灌木	8	3-140	栽植灌木(带土球) 土球直径在50cm内	10株	111.51
栽植绿篱					

图 2-2-11 查询定额对话框

	编码	类别	名称	项目特征	单位	工程量	综
	—		整个项目				
B1	—	部	走道休息区				
1	020101001001	项	水泥砂浆楼地面	地面找平30mm	m²	544.6	
	12-15×1.5 …	定	水泥砂浆找平层(厚20mm)砼或硬基层上		10m²	54.46	
2	020102002001	项	块料楼地面	800*800磁化磚楼地面	m²	544.6	

图 2-2-12 定额系数换算对话框

	编码	类别	名称	项目特征	单位	工程量	综合单价	综合合价
	—		整个项目					5190.04
1	—	部	走道休息区					5190.04
	02010100100	项	水泥砂浆楼地面	地面找平30mm	m²	544.6	9.53	5190.04
	12-15	换	水泥砂浆找平层(厚20mm)砼或硬基层上 子目乘以系数1.5		10m²	54.46	95.31	5190.58
			800*800磁化					

图 2-2-13 定额换算后界面

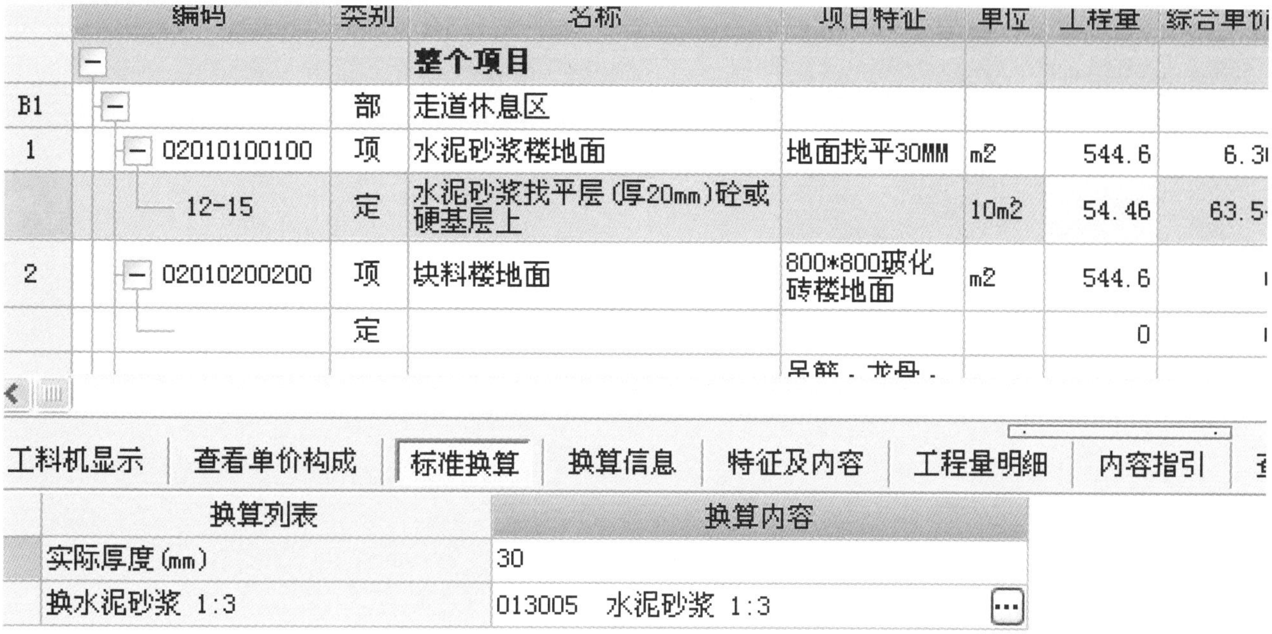

编码	类别	名称	项目特征	单位	工程量	综合单价
—		整个项目				
B1 —	部	走道休息区				
1 — 02010100100	项	水泥砂浆楼地面	地面找平30MM	m2	544.6	6.30
12-15	定	水泥砂浆找平层 (厚20mm)砼或硬基层上		10m2	54.46	63.54
2 — 02010200200	项	块料楼地面	800*800玻化砖楼地面	m2	544.6	
	定				0	
		吊篮, 龙母,				

工料机显示 | 查看单价构成 | **标准换算** | 换算信息 | 特征及内容 | 工程量明细 | 内容指引 |

换算列表	换算内容
实际厚度(mm)	30
换水泥砂浆 1:3	013005　水泥砂浆 1:3　[...]

图 2-2-14　定额标准换算对话框

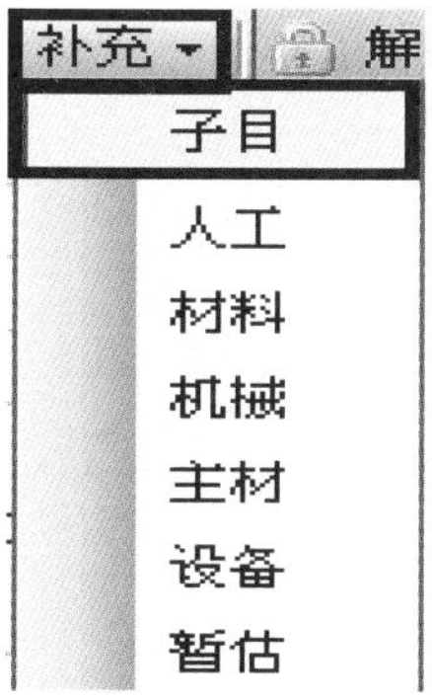

图 2-2-15　补充子目对话框

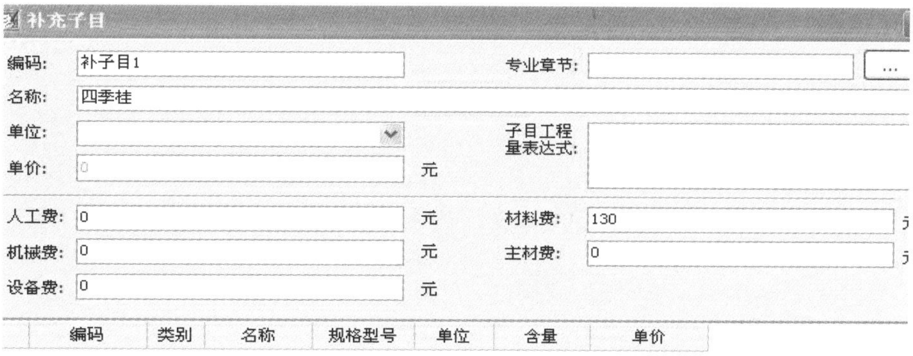

补充子目

编码: 补子目1	专业章节: [...]
名称: 四季桂	
单位:	子目工程量表达式:
单价: 0　元	
人工费: 0　元	材料费: 130
机械费: 0　元	主材费: 0
设备费: 0　元	

编码	类别	名称	规格型号	单位	含量	单价

图 2-2-16　补充子目编辑框

	序号	类	名称	单位	项目特征	组价方式	计算基数	费率(%)	工程量	综合单价	综合合价	单价构成文件
—			**措施项目**								0	
—			通用措施项目								0	
1	— 1		现场安全文明施工	项		子措施组价			1	0	0	
2	1.1		基本费	项		计算公式组		0.9	1	0	0	[缺省模板 (实物量或计算
3	1.2		考评费	项		计算公式组		0.5	1	0	0	[缺省模板 (实物量或计算
4	1.3		奖励费	项		计算公式组		0.2	1	0	0	[缺省模板 (实物量或计算
5	2		夜间施工	项		计算公式组		0	1	0	0	[缺省模板 (实物量或计算
6	3		冬雨季施工	项		计算公式组		0	1	0	0	[缺省模板 (实物量或计算
7	4		已完工程及设备保护	项		计算公式组		0	1	0	0	[缺省模板 (实物量或计算
8	5		临时设施	项		计算公式组		0	1	0	0	[缺省模板 (实物量或计算
9	6		材料与设备检验试验	项		计算公式组		0	1	0	0	[缺省模板 (实物量或计算
10	7		赶工措施	项		计算公式组		0	1	0	0	[缺省模板 (实物量或计算
11	8		工程按质论价	项		计算公式组		0	1	0	0	[缺省模板 (实物量或计算
12	1		二次搬运	项		定额组价			1	0	0	一套

（左侧竖排）工程概况 ＞ 分部分项 ＞ **措施项目** ＞ 其他项目

图 2-2-17　措施项目费计算界面

序号	类	名称	单位	项目特征	组价方式	计算基数	费率(%)	工程基	综
	−	**措施项目**							
	−	通用措施项目							
1	− 1	现场安全文明施工	项		子措施组价			1	
2	1.1	基本费	项		计算公式组	FBFXH […]	0.9	1	
3	1.2	考评费	项		计算公式组		0.5	1	
4	1.3	奖励费	项		计算公式组		0.2	1	
5	2	夜间施工	项		计算公式组		0	1	

图 2-2-18 措施项目费计算对话框

	序号	名称	计算基数	费率(%)	金额	费用类别	不可竞争费	备注
1		**其他项目**			**100000**	**普通**		
2	− 1	招标人部分			100000	招标人部分		
3	1.1	预留金	100000	100	100000	普通费用	☐	
4	1.2	材料购置费	0	100	0	普通费用	☐	
5	− 2	投标人部分			0	投标人部分		
6	2.1	总承包服务费	0	100	0	普通费用	☐	
7	2.2	零星工作费	0	100	0	普通费用	☐	

图 2-2-19 其他项目费计算界面

图 2-2-20 载入造价信息界面

在"载入造价信息"界面，单击信息价右侧下拉选项，选择"江苏省无锡2012年2月份信息"，单击【确定】，软件会按照信息价文件的价格修改材料市场价，如图2-2-21所示。

b. 直接修改材料价格：直接修改圆木的市场价格为1500元/m³，如图2-2-22所示。

⑨ 设置甲供材

设置甲供材料有两种方式：逐条设置或批量设置。

a. 逐条设置：选中水泥材料，单击供货方式单元格，在下拉选项中选择"完全甲供"，如图2-2-23所示。

b. 批量设置：通过拉选的方式选择多条材料，如图2-2-24所示。

单击【供货方式】下的【批量修改】，在弹出的界面中单击"设置值"下拉选项，选择为完全甲供，单击【确定】退出，如图2-2-25所示。

单击【确定】，其设置结果如图2-2-26所示。

单击导航栏【甲方材料】，选择【甲供材料表】，查看设置结果，如图2-2-27所示。

⑩ 费用汇总

单击【费用汇总】，软件已经自动进行了项目总价汇总，

如图2-2-28所示。

⑪ 生成电子招标书

a. 浏览报表：在导航栏单击【报表】，软件会进入报表界面，选择报表类别为"投标方"，如图2-2-29所示。

选择"分部分项工程量清单计价表"，显示如图2-2-30所示。

b. 保存、退出：通过以上操作就完成了绿化工程的计价工作，单击▣，然后单击☒，回到投标管理主界面。也可以单击菜单条上方的"批量导出到Excel"，以电子表格形式保存。

综上所述，工程量清单报价的流程大致为：导入电子招标书—分部分项工程量清单组价—措施项目清单组价—其他项目清单组价—人材机汇总—甲方材料—查看单位工程费用汇总—查看报表—汇总项目总价—生成电子标书。其中，只有步骤2——分部分项工程量清单组价需要进行详细的定额套用及清单组价，其余都会由软件自动生成，或输入一定数据后由软件自动完成。

名称	规格型号	单位	供货方式	是否暂估	数量	预算价	市场价	市场价合计
它材料费		元	自行采购	☐	49.77492	1	1	49.77
镀锌钢丝网	10#网眼5	m2	自行采购	☐	13.975	11.26	11.26	157.36
焊条		kg	自行采购	☐	1.703	4.8	5.41	9.21
筋	(综合)	t	自行采购	☐	0.0858	3800	3800	326.04
料薄膜		m2	自行采购	☐	33.545	0.86	0.86	28.85
笋	2m以内	块	自行采购	☐	1	80	110	110
砖		t	自行采购	☐	0.2	300	360	72
石	5~16mm	t	自行采购	☐	0.03904	31.5	31.5	1.23
湖石		t	自行采购	☐	3.6	450	570	2052

图2-2-21 造价信息界面

编码	类别	名称	规格型号	单位	供货方式	是否暂估	数量	预算价	市场价	市场价合计	价差	价差合计
30301020	商砼	C15非泵送商品混		m3	自行采购	☐	2.1924	220	220	482.33	0	
40100000	材	圆木		m3	自行采购	☐	0.73935	1300	1500	1109.03	200	147.8
60113290	材	生漆		kg	自行采购	☐	3.3912	46	60	203.47	14	47.4
60705010	材	石膏粉	325目	kg	自行采购	☐	2.1195	0.45	0.45	0.95	0	

图 2-2-22　修改材料市场价界面

	编码	类别	名称	规格型号	单位	数量	预算价	市场价	价差	供货方式
1	02001	材	水泥	综合	kg	3119118.72	0.366	0.34	-0.026	完全甲供

图 2-2-23　设置材料信息界面

	编码	类别	名称	规格型号	单位	数量	预算价	市场价	价差	供货方式
1	02001	材	水泥	综合	kg	3119118.72	0.366	0.34	-0.026	完全甲供
2	04001	材	红机砖		块	1053.8388	0.177	0.23	0.053	自行采购
3	04023	材	石灰		kg	34444.61	0.097	0.14	0.043	自行采购
4	04025	材	砂子		kg	5388347.05	0.036	0.049	0.013	自行采购

图 2-2-24　多条设置材料信息界面

	编码	类别	名称	规格型号	单位	数量	预算价	市场价	价差	供货方式
1	02001	材	水泥	综合	kg	3119118.72	0.366	0.34	-0.026	完全甲供
2	04001	材	红机砖		块	1053.8388	0.177	0.23	0.053	自行采购
3	04023	材	石灰		kg	34444.61	0.097	0.14	0.043	自行采购
4	04025	材	砂子		kg	5388347.05	0.036	0.049	0.013	完全甲供
5	04026	材	石子	综合	kg	8974999.42	0.032	0.042	0.01	完全甲供
6	04037	材	陶粒混凝土空心		m3	1579.3219	120	145	25	自行采购
7	04048	材	白灰		kg	28418.37	0.097	0.14	0.043	自行采购

图 2-2-25　修改材料信息对话框

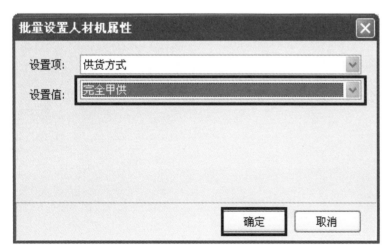

图 2-2-26　修改好的材料信息界面

甲方材料

甲方材料:
- ◎ 甲供材料表
- ↻ 主要材料指标表
- ↻ 甲方评标主要材料表
- ↻ 主要材料表

显示对应子目

	编码	类别	名称	规格型号	单位	甲供数量	单价	合价	甲供材料分类
1	02001	材	水泥	综合	kg	3119118.7257	0.34	1060500.37	
2	04025	材	砂子		kg	5388347.0576	0.049	264029.01	
3	04026	材	石子	综合	kg	8974999.4247	0.042	376949.98	

图 2-2-27　材料设置结果界面

| 分析 | 工程概况 | 分部分项 | 措施项目 | 其他项目 | 人材机汇总 | **费用汇总** |

保存为模板　载入模板　　　　　　费用汇总文件：仿古工程模板_08清单

序号	费用代号	名称	计算基数	基数说明	费率(%)	金额	
1	F1	分部分项工程	FBFXHJ	分部分项合计		130,340.86	分
2	F2	措施项目	CSXMHJ	措施项目合计		4,101.61	措
2.1	F3	安全文明施工费	AQWMSGF	安全及文明施工措施费		3,649.54	安
3	F4	其他项目	QTXMHJ	其他项目合计		0.00	其
3.1	F5	暂列金额	暂列金额	暂列金额		0.00	暂
3.2	F6	专业工程暂估价	专业工程暂估价	专业工程暂估价		0.00	专
3.3	F7	计日工	计日工	计日工		0.00	计
3.4	F8	总承包服务费	总承包服务费	总承包服务费		0.00	总
4	F9	规费	F10+F11+F12+F13	工程排污费+建筑安全监督管理费+社会保障费+住房公积金		4,839.92	规
4.1	F10	工程排污费	F1+F2+F4	分部分项工程+措施项目+其他项目	0.1	134.44	工
4.2	F11	建筑安全监督管理费	F1+F2+F4	分部分项工程+措施项目+其他项目	0	0.00	安
4.3	F12	社会保障费	F1+F2+F4	分部分项工程+措施项目+其他项目	3	4,033.27	社
4.4	F13	住房公积金	F1+F2+F4	分部分项工程+措施项目+其他项目	0.5	672.21	住
5	F14	税金	F1+F2+F4+F9	分部分项工程+措施项目+其他项目+规费	3.48	4,847.03	税
6	F15	工程造价	F1+F2+F4+F9+F14	分部分项工程+措施项目+其他项目+规费+税金		144,129.42	工

图 2-2-28　工程造价汇总界面

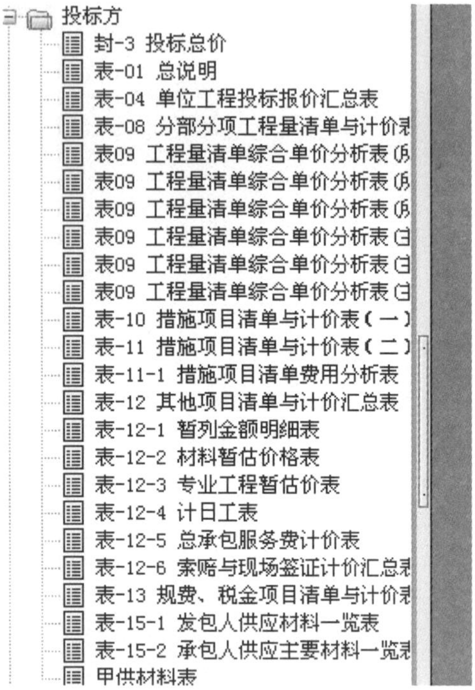

投标方
　□ 封-3 投标总价
　□ 表-01 总说明
　□ 表-04 单位工程投标报价汇总表
　□ 表-08 分部分项工程量清单与计价表
　□ 表09 工程量清单综合单价分析表（反
　□ 表09 工程量清单综合单价分析表（反
　□ 表09 工程量清单综合单价分析表（反
　□ 表09 工程量清单综合单价分析表（三
　□ 表09 工程量清单综合单价分析表（三
　□ 表09 工程量清单综合单价分析表（三
　□ 表-10 措施项目清单与计价表（一）
　□ 表-11 措施项目清单与计价表（二）
　□ 表-11-1 措施项目清单费用分析表
　□ 表-12 其他项目清单与计价汇总表
　□ 表-12-1 暂列金额明细表
　□ 表-12-2 材料暂估价格表
　□ 表-12-3 专业工程暂估价表
　□ 表-12-4 计日工表
　□ 表-12-5 总承包服务费计价表
　□ 表-12-6 索赔与现场签证计价汇总表
　□ 表-13 规费、税金项目清单与计价表
　□ 表-15-1 发包人供应材料一览表
　□ 表-15-2 承包人供应主要材料一览表
　□ 甲供材料表

图 2-2-29　报表导航栏

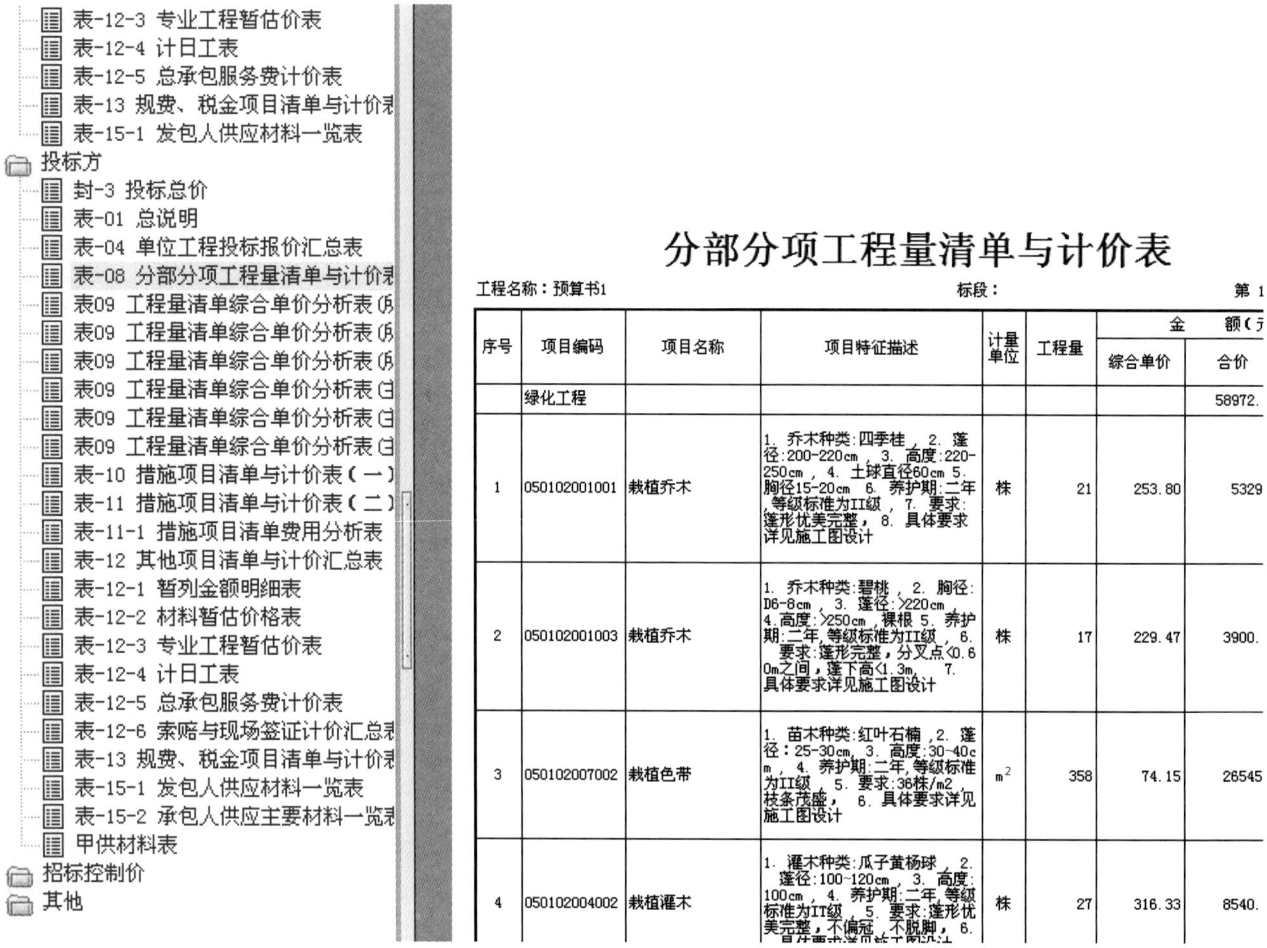

　□ 表-12-3 专业工程暂估价表
　□ 表-12-4 计日工表
　□ 表-12-5 总承包服务费计价表
　□ 表-13 规费、税金项目清单与计价表
　□ 表-15-1 发包人供应材料一览表
投标方
　□ 封-3 投标总价
　□ 表-01 总说明
　□ 表-04 单位工程投标报价汇总表
　□ 表-08 分部分项工程量清单与计价表
　□ 表09 工程量清单综合单价分析表（反
　□ 表09 工程量清单综合单价分析表（反
　□ 表09 工程量清单综合单价分析表（反
　□ 表09 工程量清单综合单价分析表（三
　□ 表09 工程量清单综合单价分析表（三
　□ 表09 工程量清单综合单价分析表（三
　□ 表-10 措施项目清单与计价表（一）
　□ 表-11 措施项目清单与计价表（二）
　□ 表-11-1 措施项目清单费用分析表
　□ 表-12 其他项目清单与计价汇总表
　□ 表-12-1 暂列金额明细表
　□ 表-12-2 材料暂估价格表
　□ 表-12-3 专业工程暂估价表
　□ 表-12-4 计日工表
　□ 表-12-5 总承包服务费计价表
　□ 表-12-6 索赔与现场签证计价汇总表
　□ 表-13 规费、税金项目清单与计价表
　□ 表-15-1 发包人供应材料一览表
　□ 表-15-2 承包人供应主要材料一览表
　□ 甲供材料表
招标控制价
其他

分部分项工程量清单与计价表

工程名称：预算书1　　　　标段：　　　　　第 1

序号	项目编码	项目名称	项目特征描述	计量单位	工程量	金额（元）	
						综合单价	合价
	绿化工程						58972.
1	050102001001	栽植乔木	1. 乔木种类:四季桂 , 2. 蓬径:200-220cm , 3. 高度:220-250cm , 4. 土球直径60cm 5. 胸径15-20cm 6. 养护期:二年 等级标准为II级 , 7. 要求:蓬形优美完整 , 8. 具体要求详见施工图设计	株	21	253.80	5329
2	050102001003	栽植乔木	1. 乔木种类:碧桃 , 2. 胸径:D6-8cm , 3. 蓬径:>220cm 4. 高度:>250cm,裸根 5. 养护期:二年 等级标准为II级 , 6. 要求:蓬形完整,分叉点<0.6 0m之间 ,高度>1.3m 7. 具体要求详见施工图设计	株	17	229.47	3900.
3	050102007002	栽植色带	1. 苗木种类:红叶石楠 , 2. 蓬径:25-30cm , 3. 高度:30-40c m , 4. 养护期:二年 等级标准为II级 , 5. 要求:36株/m2 枝条茂盛 , 6. 具体要求详见施工图设计	m²	358	74.15	26545
4	050102004002	栽植灌木	1. 灌木种类:瓜子黄杨球 , 2. 蓬径:100-120cm , 3. 高度:100cm , 4. 养护期:二年 等级标准为II级 , 5. 要求:蓬形优美完整,不偏冠,不脱脚 , 6.	株	27	316.33	8540.

图 2-2-30　自动生成的报价表

思考与练习:

一、单选题

1. 分部分项工程量清单项目编码为03040300300，该项目为（ ）工程项目。
   A. 装饰装修工程　　B. 建筑工程
   C. 安装工程　　　　D. 园林工程

2. 工程量清单编制原则归纳为"四统一"，下列错误的提法是（ ）。
   A. 计价依据统一　　B. 项目名称统一
   C. 项目编码统一　　D. 工程量清单计算规则统一

3. 承包人供应材料一览表不包括（ ）。
   A. 材料数量　　　　B. 材料质量
   C. 材料规格　　　　D. 材料单位

4. 工程排污费属于（ ）。
   A. 税金　　　　　　B. 措施费
   C. 规费　　　　　　D. 企业管理费

5. 项目编码采用（ ）位阿拉伯数字表示。
   A. 12位　　　　　　B. 11位
   C. 10位　　　　　　D. 9位

6. 工程量清单所体现的核心内容是（ ）。
   A. 分项工程项目名称及其相应数量
   B. 工程量计算规则
   C. 工程量清单的标准格式
   D. 工程量清单的计量单位

7. 钢筋通常以（ ）为计量单位，计算时，须精确至小数点后（ ）位数。
   A. kg　2　　　　　B. kg　3
   C. t　2　　　　　 D. t　3

8. 《建设工程工程量清单计价规范》由建设部批准，自（ ）施行。
   A. 2003年12月1日
   B. 2003年7月1日
   C. 2005年12月1日
   D. 2008年12月1日

9. 电子招标书通常的格式的扩展名是（ ）。
   A. doc　　　　　　B. xls
   C. exls　　　　　 D. jszb

10. 下列不属于规费的是（ ）。
    A. 安全文明施工费　B. 社会保障费
    C. 工程排污费　　　D. 住房公积金

二、多选题

1. 措施费是指为完成工程项目施工，发生于该工程施工前和施工过程中非工程实体项目的费用，以下费用属于措施费的有（ ）。
   A. 临时设施费　　　B. 二次搬运费
   C. 工具用具使用费　D. 文明施工费
   E. 财产保险费

2. 分部分项工程量清单由（ ）组成。
   A. 清单编码　　　　B. 项目名称
   C. 特征描述　　　　D. 综合单价
   E. 工程量计算表

3. 税金是指国家税法规定的应记入建筑安装工程造价内的营业税（ ）。
   A. 印花税　　　　　B. 城市维护建设税
   C. 教育费附加　　　D. 土地使用税
   E. 房产税

4. 《工程量清单计价规范》的特点是（ ）。
   A. 强制性　　　　　B. 市场性
   C. 实用性　　　　　D. 竞争性
   E. 通用性

5. 工程量清单计价方法的作用是（ ）。
   A. 有得利于提高工程计价效率，能真正实现快速报价
   B. 有利于业主对投资的控制
   C. 满足市场经济条件下竞争的需要
   D. 有利于国家对建设工程造价的宏观调控
   E. 有利于中标企业精心组织施工，控制成本，充分体现本企业的管理优势

6. 税金的计算基础包括（ ）。
   A. 规费　　　　　　B. 措施项目费
   C. 其他项目费　　　D. 分部分项工程费
   E. 工程造价

7. 下列说法错误的是（ ）。
   A. 投标报价文件的封面上，必须同时有注册造价人员的签字和盖章。
   B. 在工程量清单报价之前，我国一直实行定额计价法。
   C. 国有资产投资为主的中型建设工程可以不按工程量清单计价规范规定执行。
   D. 招投标中工程量清单通常由招标方提供。
   E. 零星工作项目表不属于工程量清单的内容。

8. 绿化种植包括下列哪些内容？（ ）
   A. 平整场地　　　　B. 人工换土

C. 假植 D. 绿化养护

E. 栽植技术措施

9. 分部分项工程量清单包括下列哪些内容？（ ）

A. 项目编码 B. 计量单位

C. 工程数量 D. 综合单价

E. 项目特征

10. 企业管理费通常随着（ ）的增加而增加。

A. 人工费 B. 材料费

C. 利润 D. 措施费

E. 机械使用费

三、计算题

1. 列表计算所在校园一处景观的工程量及工程造价。

2. 某园林绿地要建一座步行小木桥，根据施工图纸

可知：桥面长 6 m，宽 1.5 m，桥板厚 25 mm，满铺平口对缝，采用木桩基础。桥板原木梢直径 80 mm，长 5 m，共 16 根；横梁原木梢直径 80 mm，长 1.8 m，共 9 根；纵梁原木梢直径 100 mm，长 5.6 m，共 5 根。栏杆、栏杆柱、扶手、扫地杆、斜撑采用枋木 80 mm×80 mm（刨光），栏杆高 900 mm。所有木质材料都采用杉木。

① 绘制该小木桥大样图。

② 列出该小木桥工程量计算表。

③ 查阅定额列表计算该小木桥工程造价。（取费标准与案例 1 相同）

④ 根据当地人工、材料和机械台班市场价格，列表计算该小木桥调整后的工程造价。

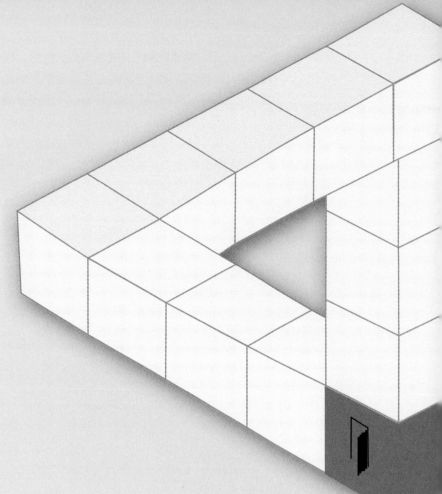

第三章
室内装饰工程预算编制实训

室内设计市场之大，是其他设计企业难以比拟的优势，而室内设计预算直接影响了企业的经济效益和社会效益。随着人们对室内设计的重视，尤其是实行造价人员执业上岗制度后，室内设计预算员供不应求。艺术类学生多只从事设计工作，而一个不懂预算的设计师，在很多问题上是不能满足业主和企业需求的。

本章内容从行业发展现状出发，以市场需求和企业职业能力需求为主体，打破了传统的知识传授教学法，在全新的实际案例讲解中，融入必须的知识点，尤其适合想尽快进入岗位角色的初学者。

项目一 家装工程市场协商报价文件编制

目前大多数家装工程，甚至一小部分私营企业的公装工程，基本上不通过招投标确定价格，而是由设计公司直接对其设计做出预算，经过双方协商确定合同价，即所谓的"市场协商报价法"。本节内容就是由一个三居室的硬装和软装工程预算导入，将市场协商报价的内容和格式，以及室内设计工程的项目划分等内容融入其中。同时，把室内各部位的工程量计算规则与方法进行了适度讲解，为了能够配合深入理解，还附有一些相关例题和课后习题。

1. 课程概况

能够根据设计图纸计算工程费用
熟练工程量计算
正确计算工程量、合理定价
10 课时 + 课余时间
了解装饰材料市场价

案例 1　家装工程预算编制
案例 2　软装工程预算编制

室内装饰工程项目室内装饰工程量计算
室内装饰工程工料单价
室内装饰工程市场协商报价法

子任务 1　家装工程预算文件解析
子任务 2　软装工程预算文件解析
子任务 3　装饰工程项目划分
子任务 4　装饰工程量计算
子任务 5　装饰工程市场协商报价

《江苏省建筑与装饰工程计价表》2004 版
××市最新造价信息（如：无锡市造价信息）
××市建设工程招标网
（如无锡建设工程招标网：http://www.wxzb.net/wxzb/default.aspx）

第三章　室内装饰工程预算编制实训

[案例1]：设计师按照××小区业主要求，对其三居室进行现场测量，绘制了装饰设计方案图纸，依照该设计方案及相关说明，结合业主要求，预算员按照市场协商定价模式进行报价。预算表表见3-1-1。

表3-1-1

业主姓名：　　　　联系电话：　　　　设计师：

××小区三居室装饰设计预算表

装修面积：119.26 m²

编号	项目名称	单位	工程量	主材 单价/元	辅材 单价/元	合价/元	人工费/元 单价	人工费/元 合价	主材及辅料、规格、品牌、等级
一	客厅、餐厅、过道、阳台工程								
1001	客厅、餐厅地砖（含5%损耗）	m²	56.00	155.00	13.00	9408.00	15.00	840.00	800×800金舵七龙珠抛光地砖
1002	客厅、餐厅地砖配套脚线（含5%损耗）	m²	8.00	155.00	13.00	1344.00	45.00	360.00	800×800金舵七龙珠抛光地砖加工切割
1003	客厅、餐厅过道艺形吊顶	m²	56.00	45.00	15.00	3360.00	18.00	1008.00	纸面石膏板、樟子松木龙骨
1004	客厅电视墙装饰	项	1.00	2360.00	870.00	3230.00	570.00	570.00	木龙骨、夹绢玻璃、纸面石膏板、进口墙纸、花岗岩台板
1005	门厅背景造型装饰	项	1.00	560.00	230.00	790.00	350.00	350.00	樟子松木龙骨、纸面石膏板、进口墙纸、立邦木器漆
1006	鞋柜及隔断造型	项	1.00	480.00	260.00	740.00	350.00	350.00	柚木板饰面、纸面石膏板、墙纸、立邦木器漆
1007	过道储藏柜	项	1.00	820.00	450.00	1270.00	530.00	530.00	柚木板饰面、柚木实木内板、立邦木线条、杉木实木线条、木器漆
1008	过道储藏室柜移门	m²	4.00	210.00	0.00	840.00	0.00	0.00	钛合金轻钢移门、普通磨砂花玻璃
1009	整体免漆实木门1套、窗套线条	m	21.00	120.00	0.00	2520.00	0.00	0.00	中南木业精工免漆整体实木门套、窗套线条
1010	天然花岗岩窗台板	m²	1.00	270.00	30.00	300.00	35.00	35.00	进口英国标花岗岩（含安装费、机械磨双边）
1011	天然花岗岩门槛	m²	0.80	320.00	10.00	264.00	15.00	12.00	进口印度红花岗岩（含安装费、机械磨单边）
1012	顶面乳胶漆	m²	56.00	7.00	8.00	840.00	7.00	392.00	金装多乐士土喷涂（五批二喷）
1013	墙面乳胶漆	m²	150.00	7.00	8.00	2250.00	7.00	1050.00	金装多乐士土喷涂（五批二喷）
1014	阳台地砖（含5%损耗）	m²	8.00	48.00	13.00	488.00	12.00	96.00	400×400金达雅仿古砖
1015	阳台墙砖（含5%损耗）	m²	16.00	89.00	13.00	1632.00	16.00	256.00	300×450金舵浅色墙砖
1016	阳台移门	m²	6.60	210.00	0.00	1386.00	0.00	0.00	钛合金轻钢移门、普通磨沙花玻璃

续表

编号	项目名称	单位	工程量	主材 单价/元	辅材 单价/元	合价/元	人工费/元 单价	人工费/元 合价	主材及辅料、规格、品牌、等级
1017	阳台拖把池	只	1.00	160.00	0.00	160.00	0.00	0.00	京陶 JT0401
1018	阳台拖把池、洗衣机龙头	只	2.00	20.00	0.00	40.00	0.00	0.00	连安装
1019	阳台顶面乳胶漆	m²	8.00	7.00	8.00	120.00	7.00	56.00	金装多乐士喷涂（五批二喷）
	小计					30982.00		5905.00	
二	厨房工程								
2001	厨房地砖（含5%损耗）	m²	7.50	98.00	13.00	832.50	15.00	112.50	600×600 金舵金韵石抛光地砖
2002	厨房墙砖（含8%损耗）	m²	27.00	89.00	13.00	2754.00	16.00	432.00	300×450 金舵浅色墙砖
2003	厨房移门	m²	3.00	210.00	0.00	630.00	0.00	0.00	钛合金轻钢移门，普通磨砂玻璃
2004	整体免漆实木门套线条	m	16.00	120.00	0.00	1920.00	0.00	0.00	中南木业精工免漆整体实木门套线条
2005	厨房吊顶	m²	7.50	82.00	18.00	750.00	22.00	165.00	白色铝塑板、木龙骨、FC板（水泥压力板）
2006	橱柜上下柜体	m	6.00	180.00	35.00	1290.00	80.00	480.00	双面杉实木板、铝塑板贴面
2007	水晶板柜门	m²	7.50	290.00	15.00	2287.50	50.00	375.00	颜色到时选定
2008	橱柜人造大理石台面	m	6.00	320.00	30.00	2100.00	35.00	210.00	人造大理石台板
2009	厨房不锈钢菜盆及龙头	项	1.00	960.00	0.00	960.00	60.00	60.00	科乐不锈钢双盆水池及广东宝科龙头
2010	厨房配件	项	1.00	580.00	0.00	580.00	50.00	50.00	垃圾桶、拉手、拉蓝、铰链等
2011	天然花岗岩门槛	m²	0.90	320.00	10.00	297.00	15.00	13.50	进口印度红花岗岩（含安装费、机械磨单边）
	小计					14401.00		1898.00	
三	卫生间工程								
3001	主卫地砖（含5%损耗）	m²	6.50	75.00	13.00	572.00	12.00	78.00	300×300 金舵配套地砖
3002	主卫墙砖（含8%损耗）	m²	24.00	89.00	13.00	2448.00	16.00	384.00	300×450 金舵浅色墙砖
3003	主卫腰线	片	30.00	18.00	2.00	600.00	2.00	60.00	10×30 金舵腰线
3004	客卫地砖（含5%损耗）	m²	5.00	75.00	13.00	440.00	12.00	60.00	300×300 金舵配套地砖

序号	项目名称	单位	数量						规格、备注
3005	客卫墙砖（含8%损耗）	m²	29.00	89.00	13.00	2958.00	16.00	464.00	300×450金舵浅色墙砖
3006	客卫腰线	片	26.00	17.00	2.00	494.00	2.00	52.00	10×30金舵腰线
3007	卫生间防水	m²	11.50	30.00	0.00	345.00	5.00	57.50	专用防水胶。注：卫生间地面防水层
3008	卫生间整体免漆实木门及门套线条	扇	2.00	1750.00	0.00	3500.00	100.00	200.00	中南木业精工免漆整体实木门及门套线条
3009	卫生间门锁安装	把	2.00	75.00	5.00	160.00	15.00	30.00	广东折手锁
3010	卫生间吊顶	m²	11.50	65.00	15.00	920.00	18.00	207.00	UPVC塑扣板、木龙骨
3011	卫生间角线	m	19.00	4.00	2.00	114.00	5.00	95.00	3.0耐老化角线
3012	卫生间台盆柜	只	2.00	580.00	260.00	1680.00	280.00	560.00	水晶板柜门、杉木板柜体、进口黑金沙花岗岩台板
3013	卫生间台盆	只	2.00	320.00	0.00	640.00	0.00	0.00	TOTO台下盆LW546B
3014	浴缸（南方连下水）	只	1.00	4500.00	150.00	4650.00	150.00	0.00	法恩莎冲浪浴缸1500×1500
3015	坐便器（连体型）带缓降盖头	只	2.00	1950.00	150.00	4200.00	150.00	0.00	TOTO坐便器CW864
3016	钢化玻璃简易淋浴房	只	1.00	1900.00	150.00	2050.00	150.00	0.00	钢化玻璃简易淋浴房
3017	车边银镜	只	2.00	180.00	0.00	360.00	0.00	0.00	车边银镜
3018	台盆、浴缸龙头	套	2.00	680.00	0.00	1360.00	0.00	0.00	科宝龙头
3019	卫浴五金件	套	2.00	260.00	0.00	520.00	0.00	0.00	毛巾架、纸巾盒
3020	天然花岗岩门槛	m²	0.60	320.00	10.00	198.00	15.00	9.00	进口印度红花岗岩（含安装费、机械磨单边）
	小计					28209.00		2256.50	
四	主卧室工程								
4001	主卧室床背景	项	1.00	580.00	230.00	810.00	250.00	250.00	纸面石膏板、樟子松木龙骨、装饰墙纸
4002	主卧室打地楞	m²	21.00	25.00	8.00	693.00	10.00	210.00	樟子松木龙骨
4003	主卧室地板铺设（含8%损耗）	m²	21.00	228.00	0.00	4788.00	0.00	0.00	上海富昌实木免漆地板含安装费（按购买时市场实际价格计算）
4004	主卧室踢脚线及安装	m	21.00	15.00	2.00	357.00	2.00	84.00	免漆踢脚线
4005	主卧室艺形吊顶	m²	21.00	45.00	15.00	1260.00	18.00	378.00	纸面石膏板、樟子松木龙骨
4006	主卧室整体免漆实木门及门套线条	扇	1.00	1750.00	0.00	1750.00	100.00	100.00	中南木业精工免漆整体实木门及门套线条

编号	项目名称	单位	工程量	主材 单价/元	辅材 单价/元	合价/元	人工费/元 单价	人工费/元 合价	主材及辅料、规格、品牌、等级
4007	主卧室门锁安装	把	1.00	75.00	5.00	80.00	15.00	15.00	广东折手锁
4008	主卧室整体免漆实木窗套线条	m	6.60	120.00	0.00	792.00	0.00	0.00	中南木业精工免漆整体实木窗套线条
4009	主卧室窗箱盒	m	3.56	15.00	2.00	60.52	3.00	10.68	樟子松木龙骨、纸面石膏板、白色乳胶漆
4010	天然花岗岩窗台板	m²	2.00	270.00	30.00	600.00	35.00	70.00	进口英国棕花岗岩（含安装费、机械磨双边）
4011	主卧室挂衣柜（移门）	项	1.00	760.00	380.00	1140.00	470.00	470.00	樟子松木龙骨、柚木板饰面、柳桉实木线条、立邦木器漆喷漆
4012	主卧室顶面乳胶漆	m²	21.00	7.00	8.00	315.00	7.00	147.00	金装多乐士喷涂（五批二喷）
4013	主卧室墙面乳胶漆	m²	59.00	7.00	8.00	885.00	7.00	413.00	金装多乐士喷涂（五批二喷）
	小计					13530.52		2147.68	
五	书房、次卧室工程								
5001	书房、次卧室打地楞	m²	25.00	25.00	8.00	825.00	10.00	250.00	樟子松木龙骨
5002	书房、次卧室地板铺设（含8%损耗）	m²	25.00	228.00	0.00	5700.00	0.00	0.00	上海富昌实木免漆地板含安装费（按购买时市场价格计算）
5003	书房、次卧室踢脚线及安装	m	24.00	15.00	2.00	408.00	4.00	96.00	免漆踢脚线
5004	书房、次卧室吊平顶	m²	25.00	45.00	15.00	1500.00	18.00	450.00	纸面石膏板、樟子松木龙骨
5005	次卧室整体免漆实木门及门套线条	扇	1.00	1750.00	0.00	1750.00	100.00	100.00	中南木业精工免漆整体实木门及门套线条
5006	次卧室门锁安装	把	1.00	75.00	5.00	80.00	15.00	15.00	广东折手锁
5007	书移门	m²	5.00	210.00	0.00	1050.00	0.00	0.00	钛合金轻钢移门、普通磨砂玻璃
5008	书房整体免漆实木门套、窗套线条	m	22.00	120.00	0.00	2640.00	0.00	0.00	中南木业精工免漆整体实木门套、窗套线条
5009	书房、次卧室窗箱盒	m	6.32	15.00	2.00	107.44	3.00	18.96	樟子松木龙骨、纸面石膏板、白色乳胶漆
5010	书房异形天然花岗岩窗台板	m²	1.60	360.00	30.00	624.00	35.00	56.00	进口英国棕花岗岩（含安装费、机械磨双边）
5011	次卧室挂衣柜（移门）	项	1.00	760.00	320.00	1080.00	450.00	450.00	樟子松木龙骨、柚木板饰面、柳桉实木线条、立邦木器漆喷漆
5012	书房书柜	项	1.00	560.00	320.00	880.00	530.00	530.00	樟子松木龙骨、柚木板饰面、柚木实木线条、立邦木器漆喷漆

序号	项目名称	单位	数量	主材单价	人工单价	主材合价	人工合价	合价	说明
5013	书房、次卧室顶面乳胶漆	m²	25.00	7.00	8.00	375.00	7.00	175.00	金装多乐士喷涂（五批二喷）
5014	书房、次卧室墙面乳胶漆	m²	75.00	7.00	8.00	1125.00	7.00	525.00	金装多乐士喷涂（五批二喷）
	小计					18144.44	2665.96		
六	水电工程								
6001	PPR4分热水管	m	150.00	10.00	0.00	1500.00	0.00	1500.00	浙江中财4分管
6002	水管配件	项	1.00	1780.00	0.00	1780.00	0.00	1780.00	三角阀、软管、朝阳角阀、内丝弯、45°弯等等
6003	浴霸	只	2.00	380.00	0.00	760.00	0.00	760.00	香港奥普
6004	不锈钢地漏	只	2.00	15.00	0.00	30.00	0.00	30.00	不锈钢地漏
6005	4分线管	m	320.00	1.50	0.00	480.00	0.00	480.00	浙江中财线管
6006	线管配件	项	1.00	370.00	0.00	370.00	0.00	370.00	管卡、束接、弯头等
6007	1.5 m² 电线	卷	6.00	155.00	0.00	930.00	0.00	930.00	远东电线
6008	2.5 m² 电线	卷	6.00	205.00	0.00	1230.00	0.00	1230.00	远东电线
6009	4 m² 电线	卷	4.00	280.00	0.00	1120.00	0.00	1120.00	远东电线
6010	有线电视线	卷	1.00	0.00	0.00	0.00	0.00	0.00	
6011	8芯网线	卷	1.00	0.00	0.00	0.00	0.00	0.00	深圳产专用8芯网线
6012	电视分配器	只	1.00	40.00	0.00	40.00	0.00	40.00	五分配（深圳产）
6013	射灯、洞灯、光带	项	1.00	800.00	0.00	800.00	0.00	800.00	（吸顶灯、艺术吊灯、镜前灯灯除外）
6014	电话线、电视线控制盒	只	2.00	25.00	0.00	50.00	0.00	50.00	
6015	86型暗盒	项	1.00	70.00	0.00	70.00	0.00	70.00	
6016	开关、插座	项	1.00	2100.00	0.00	2100.00	0.00	2100.00	松下大板开关、插座、漏电开关及单片
6017	水电工资	m²	153.00	0.00	0.00	0.00	15.00	2295.00	
6018	厨房间 / 卫生间防水	m²		0.00	0.00				免费
	小计					11260.00	2295.00		
七	独立费								
7001	垃圾清运费	m²	153.00	0.00	0.00	0.00	6.00	918.00	不含甲供材料
7002	材料搬运费、材料车运费	m²	153.00	0.00	0.00	0.00	20.00	3060.00	不含甲供材料

续表

编号	项目名称	单位	工程量	主材 单价/元	辅材/元	合价/元	人工费/元 单价	人工费/元 合价	主材及辅料、规格、品牌、等级
7003	新建墙体	m²	0.00	0.00	0.00	0.00		0.00	
7004	拆除墙体			0.00	0.00	0.00		0.00	
	小计							3978.00	
	工料费合计					116526.96		21146.14	
八	其他项目								
8001	设计费			2%				2753.46	
8002	管理费			0				0	免费
8003	税金			3.445%					依据发票金额计算
九	总计							140426.60	

注：软装修、软装饰，英文为 decorations display，在商业空间与居住空间中所有可移动的元素称软装。软装的元素包括家具、装饰画、陶瓷、花艺绿植、窗帘布艺、灯饰、其他装饰摆件等。

甲方：××装饰设计有限公司　　　　预算员：　　　　编制时间：2013.3.16

说明：1. 本公司严格按照国家规范规范及监理公司要求施工。
　　　2. 业主如需更换材料品牌，价格另议。
　　　3. 业主如需中途增加工程项目，由双方另行商议。
　　　4. 业主如需中途删减报价中所列工程项目，按所删减项目原报价的20%收取管理费。
　　　5. 出于安全考虑，本公司不负责煤气管的安装、移位以及承重墙的拆除。
　　　6. 以上项目如有与实际操作不相符的，均以实际操作为准。
　　　7. 施工期间水电费由客户承担。
　　　8. 此报价单解释权在××装饰工程有限公司。

[案例 2]：案例 1 中的室内装修施工完成后，又应业主要求，设计师为其客厅进行了软装设计，并提供预算表如表 3-1-2。

表 3-1-2　　　　　　　　　　　　客厅软装清单报价表

编号	产品图片	名称	材质	尺寸	单位	数量	单价	金额/元
1		茶几	木质烤漆、钢化玻璃面	1400×600×400	个	1	1800	1800
2		沙发	布艺	3500×2000	套	1	4800	4800
3		电视柜	木质烤漆	2000×450×400	个	1	1700	1700
4		边几	亚克力	45×45×45	个	1	1180	1180
5		灯具	水晶吸顶灯	直径 800	个	1	1280	1280
6		窗帘	布艺	8000×2650	米	8	75	600
7		装饰画	木质	500×500	个	3	400	1200
8		摆件	不锈钢	82×76×114	个	1	280	320
客厅软装总造价			大写：壹万贰仟捌佰捌拾元整					12880

1）室内装饰工程项目

室内装饰工程是房屋建筑工程内部装饰或装修活动的简称，是运用一定的物质技术手段和经济实力，以科学为功能基础，以艺术为表现形式，根据对象所处的特定环境，对内部空间与界面进行创造与组织的理性活动。其主要目标是满足人们物质与精神功能的需求。在土建工程质量基本同质化的时代，室内装饰的质量对建筑的品位和档次起着重要作用。

室内装饰工程的主要作用有三点，即保护建筑物主体结构，改善建筑物的使用条件，美化建筑物的内外空间。室内装饰工程的特点主要概括为以下三个方面。

① 单件性

室内装饰工程形式多样、工艺复杂多变、新材料日新月异、价格差异非常大。所以必须对每个建筑装饰工程造价进行分别计算。

② 新颖性

室内装饰的生命力在于不重复、有新意。通过采用不同的风格进行造型，采取不同文化背景和文化特色进行构图，采用不同的装饰材料和施工工艺进行装饰，使空间具有不同的使用功能和气质特点，从而达到装饰装修的目的。

③ 固定性

室内装饰工程必须附着于建筑物主体结构上，而建筑物必然固定于某一地点。这一客观事实决定了室内装饰工程要受到当地气候、资源条件的影响和制约，即使相同装饰内容的工程由于建在不同的地点上，其造价也会有很大差别。

2）工程项目划分

由于室内装饰工程具有单件性、新颖性和固定性等特点，因此，不能以整个建筑物的装饰工程作为计价的对象。可以采用将一个内容多、项目较繁杂的室内装饰工程进行逐步分解的方法，将其分解成较为简单、具有统一特征、可以用较为简单的方法来计算其劳动消耗的基本项目，即将整个装饰工程一直分解到分项工程项目再进行计价。

按照上述思路分解室内装饰工程项目就能达到统一室内装饰工程价格水平的目的，从而解决因其特性而带来的定价困难问题。

室内装饰工程的层层分解，可以通过对建设项目划分的过程来描述和理解。

建设项目按照其建设管理和建设产品定价的需要，一般划分为建设项目、单项工程、单位工程、分部工程、分项工程五个层次。装饰工程作为单位工程，按照装饰部位分类，室内装饰又分为楼地面、墙柱面、顶棚、门窗、油漆、涂料、裱糊工程等分部工程。

对于小面积的居家装饰来说，项目划分可以根据具体情况或业主喜好随意一些，如 [案例1] 是按房间分类，将每一房间的工程项目全部计算后进行计价。

3）工程计量单位

① 工程项目单位选用原则

工程项目计量单位必须与定额项目一致或统一。它应当准确地反映出分项工程的实际消耗量，保证室内装饰工程预算准确性。同时，为保证预算定额的适用性，还要确定合理、必要的定额项目，以简化工程量的定额换算工作。

室内装饰工程项目的计量单位的选择，主要根据分项工程的形体特征和变化规律来确定，其具体内容如下：

a. 长、宽、高都发生变化时，定额计量单位为 m^3，如混凝土、土石方、砖石等；

b. 厚度一定，面积发生变化时，定额计量单位为 m^2，如：墙面、地面等；

c. 截面形状大小固定，长度发生变化时，定额计量单位为延长米，如楼梯扶手、窗帘盒等；

d. 体积或面积相同，价格和重量差异大时，定额计量单位为 t 或 kg，如金属构件制作、安装工程等；

e. 形状不规则难以度量时，定额计量单位为个、套、件等，如装饰门套的计量单位为樘，电气工程中的开关、插座计量单位为个。

② 工程项目单位均以国际单位制为准

a. 人工的计量单位为工日；

b. 木材的计量单位为 m^3；

c. 大芯板、胶合板的计量单位为 m^2 或 $100m^2$；

d. 铝合金型材的计量单位为 kg；

e. 电气设备的计量单位为台；

f. 钢筋及钢材的计量单位为 t；

g. 其他材料的计量单位依具体情况而定；

h. 机械的计量单位为台班；

i. 定额基价的计量单位为元。

③ 按国际单位制表示法

a. 长度的计量单位为 m、cm、mm；

b. 面积的计量单位为 m^2、cm^2、mm^2；

c. 体积的计量单位为 m^3；

d. 重量的计量单位为 t、kg。

4）装饰工程工料单价

① 人工单价

人工单价亦称工日单价，是指预算定额确定的用工单价，正常条件下一名工人工作 8 小时为一工日。一般包括基本工资、工资性津贴和相关的保险费等。传统的基本工资是根据工资标准计算的，目前企业的工资标准大多由企业自己制定。

② 材料单价

材料单价是指材料从采购到运输到工地仓库或堆放场地后的出库价格。材料从采购、运输到保管的过程中，即在使用前所发生的全部费用，构成材料单价。

不同的材料采购和供应方式，其构成材料单价的费用也不同，一般有以下几种：

a. 材料供货到工地现场。当材料供应商将材料供货到施工现场时，材料单价由材料原价、现场装卸搬运费、采购保管费等费用构成。

b. 到供货地点采购材料。当需要派人到供货地点采购材料时，材料单价由材料原价、运杂费和采购保管费构成。

c. 需二次加工的材料。若某些材料被采购回来后，还需要进一步加工时，材料单价除了上述费用外还包括材料二次加工费。

综上所述，材料单价主要包括材料原价、运杂费（或现场搬运装卸费）、采购保管费等费用。若某些材料的包装品可以计算回收值，还应减去该项费用。

其中，材料原价是付给材料供应商的材料单价。当某种材料有两个或两个以上的材料供应商且材料原价不同时，应计算加权平均原价。通常包装费和手续费也包括在材料原价内。

材料运杂费是指采购材料的过程中，将材料从采购地点运输到工地仓库或堆放场地发生的各项费用，包括装卸费、运输费和合理的运输损耗费等。

材料采购保管费是指承包商在组织采购和保管材料的过程中发生的各项费用，包括采购人员的工资、差旅交通费、通信费、业务费、仓库保管费等各项费用。采购保管费一般按发生的各项费用之和乘以一定的费率计算，通常取定为 2% 左右，计算公式为：

材料采购保管费＝（材料原价＋运杂费）×采购保管费费率，材料单价＝（加权平均材料原价＋加权平均材料运输费）×（1＋采购保管费费率）－包装品回收值

在室内装饰工程申，通常材料费约占总造价的

60% ～ 70%，精装工程比例会更高，所以，材料费用的计算非常重要。

5）机械使用费单价

施工机械使用费，是指施工机械作业所发生的机械使用费以及机械安拆费和场外运输等费用。其单位为台班，即一台机械工作 8 小时为一个机械台班。

台班单价由不变费用和可变费用组成。不变费用包括折旧费、大修理费、经常修理费、安装拆卸及辅助设施费等。可变费用包括机上人员人工费、动力燃料费、养路费及车船使用税。可变费用中的人工工日数及动力燃料消耗量，应以机械台班费用定额中的数值为准。台班人工费工日单价同生产工人人工费单价。动力燃料费用则按材料费的计算规定计算。

6）装饰工程量计算

室内装饰工程量计算是以施工图与施工说明为依据，以自然计量单位或物理计量单位所表示的各分项工程或结构构件的数量。

自然计量单位是以物体自身为计量单位，表示工程完成的数量。例如，门以樘为计量单位；门合页以副为计量单位；洗漱台以个为计量单位等。

物理计量单位是指物体的物理属性，采用法定计量单位表示工程完成的数量。例如，楼地面工程、墙柱面工程和门窗工程等的工程量以 m² 为计量单位；窗帘盒、装饰线、木扶手等工程量以延长米为计量单位。

工程量是编制工程造价的原始数据，是计算分部分项工程费、确定工程造价的重要依据；是进行工料分析，编制材料需要量计划或半成品加工计划的直接依据；是编制施工进度计划、检查计划执行情况、进行统计分析的重要依据。能否准确、及时地完成工程量计算工作，会直接影响到工程造价编制的质量和进度。

① 工程量计算的规则

工程量计算是一项严谨细致的工作，要绝对避免重算和漏算。在计算过程中，应注意以下几个方面：

a. 认真熟悉施工图纸，严格按照工程量计算规则进行计算，不得随意加大或缩小各部位的尺寸。如内墙

净长线应该按内墙内表面到内墙内表面之间的距离计算，不能以轴线间距作为内墙净长线。

b. 为了便于检查核对，在计算工程量时，一定要注明层次、部位等。

c. 为了便于检查核对，工程计算式中的数字，应按一定的顺序排列。如长×宽（高），长×宽×高（厚）等。

d. 为了避免重复劳动，提高预算编制效率，可先算基数，如内墙净长线、标准层或房间的净面积、楼梯间的净面积、厨厕净面积、内墙门窗净面积等，并尽可能做到一数多用，从而简化计算过程。

e. 计算精确度，一般保留小数点后三位小数，第四位小数四舍五入，工程量汇总时，可保留两位小数，第三位小数四舍五入。

f. 计算单位必须同定额计量单位一致。

② 工程量计算的方法

室内装饰工程量计算方法是根据装饰设计施工图、施工方法、施工自然流程、工程量计算规则及其他资料计算有关工程量。计算方法包括传统法和统筹法。

传统方法计算工程量的优点是按照装饰施工的自然流程进行，计算过程容易理解且不易漏项；其缺点是计算效率低，很多中间数据被重复计算。

统筹法计算工程量是根据装饰施工图、施工方法、施工流程、工程量计算规则及其他资料先计算常用基本数据，以备重复多次使用，以及在分项工程量计算顺序上统筹规划，使先计算的工程量可为后续分项工程工程量的计算所利用，从而，统筹高效地计算各种装饰部位和装饰构件的相关工程量的方法。统筹法计算工程量的特点是计算效率高、节省时间。其优点是最大限度地减少二次重复计算，加快工程量的计算速度；其缺点是某些计算过程不容易理解，基本数据有时需要根据工程实际和预算编制人员本人的理解进行设置。

③ 楼地面工程量计算

a. 地面垫层按室内主墙间净面积乘以设计厚度以立方米计算，应扣除凸出地面的构筑物、设备基础、室内铁道、地沟等所占体积，不扣除柱、垛、间壁墙、附墙烟囱及面积在 0.3 m² 以内孔洞所占体积，但门洞、空圈、暖气包槽、壁龛的开口部分亦不增加。

b. 整体面层、找平层均按主墙间净空面积以平方米计算，应扣除凸出地面建筑物、设备基础、地沟等所占

面积，不扣除柱、垛、间壁墙、附墙烟囱及面积在 0.3 m² 以内的孔洞所占面积，但门洞、空圈、暖气包槽、壁龛的开口部分亦不增加。看台台阶、阶梯教室地面整体面层按展开后的净面积计算。

c. 地板及块料面层，按图示尺寸实铺面积以平方米计算，应扣除凸出地面的构筑物、设备基础、柱、间壁墙等不做面层的部分，0.3 m² 以内的孔洞面积不扣除。门洞、空圈、暖气包槽、壁龛的开口部分的工程量另增并入相应的面层内计算。

d. 楼梯整体面层按楼梯的水平投影面积以平方米计算，包括踏步、踢脚板、中间休息平台、踢脚线、梯板侧面及堵头。楼梯井宽在 200 mm 以内者不扣除，超过 200 mm 者，应扣除其面积，楼梯间与走廊连接的，应算至楼梯梁的外侧。

e. 楼梯块料面层、按展开实铺面积以平方米计算，踏步板、踢脚板、休息平台、踢脚线、堵头工程量应合并计算。

f. 台阶（包括踏步及最上一步踏步口外延 300 mm）整体面层按水平投影面积以平方米计算；块料面层，按展开（包括两侧）实铺面积以平方米计算。

g. 水泥砂浆、水磨石踢脚线按延长米计算。其洞口、门口长度不予扣除，但洞口、门口、垛、附墙烟囱等侧壁也不增加；块料面层踢脚线，按图示尺寸以实贴延长米计算，门洞扣除，侧壁另加。

h. 多色简单、复杂图案镶贴花岗岩、大理石，按镶贴图案的外接矩形面积计算。成品拼花石材铺贴按设计图案的面积计算。计算简单、复杂图案之外的面积，扣除简单、复杂图案面积时，也按矩形面积扣除。

i. 楼地面铺设木地板、地毯以实铺面积计算。楼梯地毯压棍安装以套计算。

④ 其他

a. 栏杆、扶手、扶手下托板均按扶手的延长米计算，楼梯踏步部分的栏杆与扶手应按水平投影长度乘系数 1.18。

b. 地面、石材面嵌金属和楼梯防滑条均按延长米计算。

c. 整体面层、块料面层中的楼地面项目，均不包括踢脚线工料；水泥砂浆、水磨石楼梯包括踏步、踢脚板、踢脚线、平台、堵头，不包括楼梯底抹灰（楼梯底抹灰另按相应项目执行）。

d. 花岗岩、大理石板局部切除并分色镶贴成折线图案者称"简单图案镶贴"，切除分色镶贴成弧线形图案

者称"复杂图案镶贴"。这两种图案镶贴应分别套用定额。凡市场供应的拼花石材成品铺贴，按拼花石材定额执行。

e. 大理石、花岗岩板镶贴及切割费用已包括在定额内，但石材磨边未包括在内。设计磨边者按相应项目执行。

f. 扶手、栏杆、栏板适用于楼梯、走廊及其他装饰栏杆、栏板、扶手，栏杆定额项目中包括了弯头的制作、安装。设计栏杆、栏板的材料、规格、用量与定额不同，可以调整。定额中栏杆、栏板与楼梯踏步的连接是按预埋件焊接考虑的，设计用膨胀螺栓连接时，每 10 m 另增人工 0.35 工日，M10×100 膨胀螺栓 10 只，铁件 1.25 kg，合金钢钻头 0.13 只，电锤 0.13 台班。

[例1]：如图 3-1-1 所示，某房间内外墙均为 240，室内全部铺大理石地面，求其工程量。

[解] 块料面层工程量按图示尺寸实铺面积以平方米计算，门窗、空圈等开口部分的工程量并入相应的面层内计算。则计算如下：

工程量 =（3.6-0.24）×（6.0-0.24）×3+
　　　　0.9×0.24×2+1.5×0.24=58.06（m²）

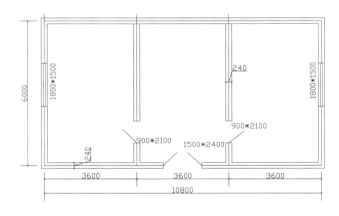

图 3-1-1　户型图

7）墙柱面工程量计算

① 墙面抹灰均按中级抹灰考虑，设计砂浆品种、饰面材料规格如与定额取定不同时，应按设计调整，但人工数量不变。

② 墙面抹灰均不包括抹灰脚手架费用，脚手架费用按相应项目执行。

③ 在圆弧形墙面、梁面抹灰或镶贴块料面层（包括挂贴、干挂大理石、花岗岩板），按相应定额项目人工乘 1.18（工程量按其弧形面积计算）。块料面层中带有弧边的石材损耗，应按实调整，每 10 m 弧形部分，切贴人工增加 0.6 工日，合金钢切割片 0.14 片，石料切割机 0.6 台班。

④ 花岗岩、大理石块料面层均不包括阳角处磨边，设计要求磨边或墙、柱面贴石材装饰线条者，按相应项目执行。设计线条重叠数次，套相应"装饰线条"数次。

⑤ 内外墙贴面砖的规格与定额取定规格不符，数量应按下式确定：

实际数量 =10 m²×（1+ 相应损耗率）/（砖长 + 灰缝宽）×（砖宽 + 灰缝厚）

⑥ 混凝土墙、柱、梁面的抹灰底层已包括刷一道素水泥浆在内，设计刷两道、每增一道按相应项目执行。

⑦ 内墙面抹灰

a. 内墙面抹灰面积应扣除门窗洞口和空圈所占的面积，不扣除踢脚线、挂镜线、0.3 m² 以内的孔洞和墙与构件交接处的面积；但其洞口侧壁和顶面抹灰亦不增加。垛的侧面抹灰面积应并入内墙面工程量内计算。内墙面抹灰长度，以主墙间的图示净长计算，不扣除间壁所占的面积。其高度确定：不论有无踢脚线，其高度均自室内地坪面或楼面至天棚底面。

b. 石灰砂浆、混合砂浆粉刷中已包括水泥护角线，不另行计算。

c. 柱和单梁的抹灰按结构展开面积计算，柱与梁或梁与梁接头的面积不予扣除。砖墙中平墙面的混凝土柱、梁等的抹灰（包括侧壁）应并入墙面抹灰工程量内计算。凸出墙面的脸柱、梁面（包括侧壁）抹灰工程量应单独计算，按相应子目执行。

d. 厕所、浴室隔断抹灰工程量，按单面垂直影面积乘系数 2.3 计算。

⑧ 镶贴块料面层及花岗岩（大理石）板挂贴

a. 内外墙面、柱梁面、零星项目镶贴块料面层均按块料面层的建筑尺寸（各块料面层 + 粘贴砂浆厚度 =25 mm）面积计算。门窗洞口面积扣除，侧壁、附垛贴面应并入墙面工程量中。内墙面腰线花砖按延长米计算。

b. 窗台、腰线、门窗套、天沟、挑檐、盥洗槽、池脚等块料面层镶贴，均以建筑尺寸的展开面积（包括砂浆及块料面层厚度）按零星项目计算。

c. 花岗岩、大理石板砂浆粘贴、挂贴均按面层的建筑尺寸（包括干挂空间、在砂浆、板厚度）展开面积计算。

⑨ 内墙、柱木装饰及柱包不锈钢镜面

a. 内墙、内墙裙、柱（梁）面、木装饰龙骨、衬板、面层及粘贴切片板按净面积计算，并扣除门、窗洞口及 0.3 m² 以上的孔洞所占的面积，附墙垛及门、窗侧壁并入墙面工程量内计算。

单独门、窗套按相应子目计算。柱、梁按展开宽度乘以净长计算。

b. 不锈钢镜面、各种装饰板面的计算：方柱、圆柱、方柱包圆柱的面层，按周长乘地面（楼面）至天棚底面的图示高度计算，若地面天棚面有柱帽、底脚时，则高度应从柱脚上表面至柱帽下表面计算。柱帽、柱脚，按面层的展开面积以平方米计算，套柱帽、柱脚子目。

c. 玻璃幕墙以框外围面积计算。幕墙与建筑顶端、两端的封边按图示尺寸以平方米计算，自然层的水平隔离与建筑物的连接按延长米计算（连接层包括上下镀锌钢板在内）。幕墙上下设计有窗者，计算幕墙面积时，窗面积不扣除，但每 10 m² 窗面积另增加幕墙框料 25 kg、人工 5 工日（幕墙上铝合金窗不再另外计算）。

石材圆柱面按石材面外围周长乘以柱高（应扣除柱墩、帽高度）以平方米计算。石材柱墩、柱帽按结构柱直径加 100 mm 后的周长乘其高度以平方米计算。圆柱腰线按石材面周长计算。

[例 2]：如图 3-1-2 所示，某大厅四根高为 6.5 m 的方柱做成镶贴石材饰面板的圆柱，图中钢丝网水泥砂浆饰面的半径为 450 mm，大理石饰面的半径为 485 mm。求该工程的工程量。

[解] 内外墙面、柱梁面、零星项目镶贴块料面层均按块料面层的建筑尺寸以面积计算。

a. 钢丝网水泥砂浆：

工程量 =3.14×4.5×2×6.5=183.69（m²）

b. 大理石饰面：

工程量 =3.14×4.85×2×6.5=197.98（m²）

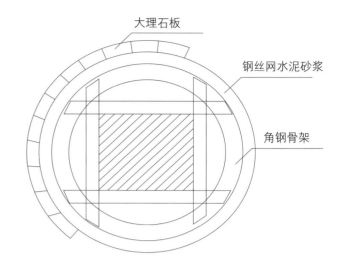

图 3-1-2　镶贴石材饰面板圆柱结构示意图

（大理石板、钢丝网水泥砂浆、角钢骨架）

8）顶棚工程量计算

① 天棚饰面的面积按净面积计算，不扣除间壁墙、检修孔、附墙烟囱、柱垛和管道所占面积，但应扣除独立柱、0.3 m² 以上的灯饰面积（石膏板、夹板天棚面层的灯饰面积不扣除）与天棚相连接的窗帘盒面积。

② 天棚中假梁、折线、叠线等圆弧形、拱形、特殊艺术形式的天棚饰面，均按展开面积计算。

③ 天棚龙骨的面积按主墙间的水平投影面积计算。天棚龙骨的吊筋按每 10 m² 龙骨面积套相应子目计算。

④ 圆弧形、拱形的天棚龙骨应按其弧形或拱形部分的水平投影面积计算套用复杂型子目，龙骨用量按设计进行调整，人工和机械按复杂型天棚子目乘系数 1.8。

⑤ 天棚每间以在同一平面上为准，设计有圆弧形、拱形时，按其圆弧形、拱形部分的面积：圆弧形面层人工按其相应定额乘系数 1.15 计算，拱形面层的人工按相应定额乘系数 1.5 计算。

⑥ 上人型天棚吊顶检修道，分为固定、活动两种，应按设计分别套用定额。

⑦ 天棚的骨架基层分为简单、复杂型两种：简单型是指每间面层在同一标高的平面上。复杂型是指每一间面层不在同一标高平面上，其高差在 100 mm 以上（含 100 mm），但必须满足不同标高的少数面积占该间面积的 15% 以上。

⑧ 天棚吊筋、龙骨与面层应分开计算，按设计套用相应定额。定额中金属吊筋是按膨胀螺栓连接在楼板上考虑的，每付吊筋的规格、长度、配件及调整办法详见天棚吊筋子目，吊筋子目适用于钢、木龙骨的天

棚基层。

设计小房间（厨房、厕所）内不用吊筋时，不能计算吊筋项目，并扣除相应定额中人工含量 0.67 工日 /（10 m²）。

⑨ 定额轻钢、铝合金龙骨是按双层编制的，设计为单层龙骨（大中龙骨均在同一平面上）在套用定额时，应扣除定额中的小（付）龙骨及配件，人工乘系数 0.87，其他不变，设计小（付）龙骨用中龙骨代替时，其单价应调整。

⑩ 胶合板面层在现场钻吸音孔时，按钻孔板部分的面积，每 10 m² 增加人工 0.64 工日计算。

⑪ 木质骨架及面层的上表面，未包括刷防火漆，设计要求刷防火漆时，应按相应定额子目计算。

⑫ 天棚面抹灰

a. 天棚面抹灰按主墙间天棚水平面积计算，不扣除间壁墙、垛、柱、附墙烟囱、检查洞、通风洞、管道等所占的面积。

b. 密肋梁、井字梁、带梁天棚抹灰面积，按展开面积计算，并入天棚抹灰工程量内。斜天棚抹灰按斜面积计算。

c. 天棚抹面如抹小圆角者，人工已包括在定额中，材料、机械按附注增加。如带装饰线者，其线分别按三道线以内或五道线以内，以延长米计算（线角的道数以每一个突出的阳角为一道线）。

d. 楼梯底面、水平遮阳板底面和沿口天棚，并入相应的天棚抹灰工程量内计算。混凝土楼梯、螺旋楼梯的底板为斜板时，按其水平投影面积（包括休息平台）乘系数 1.18，底板为锯齿形时（包括预制踏步板），按其水平投影面积乘系数 1.5 计算。

[例 3]：图 3-1-3 所示为某小会议室二层顶面施工图，中间为不上人型 T 形铝合金龙骨，纸面石膏板（450 mm×450 mm）面层，边上为不上人型轻钢龙骨吊顶，纸面石膏板面层，方柱断面为 1000 mm×1000 mm，计算龙骨及面层工程量（墙厚为 240mm）。

[解] 由于客房各部位天棚做法不同，应分别计算。

a. 龙骨计算
铝合金龙骨工程量 =3.60×4.80=17.29（m²）
轻钢龙骨工程量 =（7.68-0.24）×（1.53+4.8+1.82-0.24）-3.60×4.80
　　　　　　　　=41.57（m²）

b. 面层计算
纸面石膏板 1（铝合金龙骨）
工程量 =3.60×4.80
　　　　=17.28（m²）

纸面石膏板 2（轻钢龙骨）
工程量 =（7.68-0.24）×（1.53+4.8+1.82-0.24）+（3.60+4.80）×2×0.30-3.60×4.80-（1.00-0.24）×1.00-（1.00-0.24）×（1.00-0.24）
　　　　=45.27（m²）

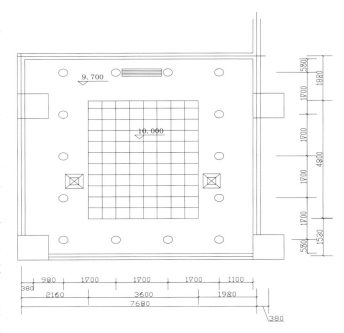

图 3-1-3 二层会议室顶面图

9）门窗及其他装饰工程量计算

① 门窗工程分为购入构件成品安装，铝合金门窗制作安装，木门窗框、扇制作安装，装饰木门扇及门窗五金配件安装五部分。

② 购入成品的各种铝合金门窗安装，按门窗洞口面积以平方米计算，购入成品的木门扇安装，按购入门扇的净面积计算。

③ 购入构件成品安装门窗单价中，除地弹簧、门夹、管子、拉手等特殊五金外，玻璃及一般五金已包括在相应的成品单价中，一般五金的安装人工已包括在定额内，特殊五金和安装人工应按"门、窗配件安装"的相应子目执行。

④ 现场铝合金门窗扇制作、安装按门窗洞口面积以平方米计算。

⑤ 各种卷帘门按洞口高度加 600 mm 乘卷帘门实际宽度的面积计算，卷帘门上有小门时，其卷帘门工程量应扣除小门面积。卷帘门上的小门按扇计算，卷帘门上电动提升装置以套计算，手动装置的材料、安装人工已包括在定额内，不另增加。

⑥ 无框玻璃门按其洞口面积计算。无框玻璃门中，部分为固定门扇、部分为开启门扇时，工程量应分开计算。无框门上带亮子时，其亮子与固定门扇合并计算。

⑦ 门窗框上包不锈钢板均按不锈钢板的展开面积以平方米计算，木门扇上包金属面或软包面均以门扇净面积计算。无框玻璃门上亮子与门扇之间的钢骨架横撑（外包不锈钢板），按横撑包不锈钢板的展开面积计算。

⑧ 门窗扇包镀锌铁皮，按门窗洞口面积以平方米计算；门窗框包镀锌铁皮、钉橡皮条、钉毛毡按图示门窗洞口尺寸以延长米计算。

⑨ 木门窗框、扇制作、安装工程量按以下规定计算：

a. 各类木门窗（包括纱门、纱窗）制作、安装工程量均按门窗洞口面积以平方米计算。

b. 连门窗的工程量应分别计算，套用相应门、窗定额，窗的宽度算至门框外侧。

c. 普通窗上部带有半圆窗的工程量应按普通窗和半圆窗分别计算，其分界线以普通窗和半圆窗之间的横框上边线为分界线。

d. 无框窗扇按扇的外围面积计算。

10）油漆、涂料、裱糊工程量计算

① 定额中涂料、油漆工程均采用手工操作，喷塑、喷涂、喷油采用机械喷枪操作，实际施工操作方法不同时，均按定额执行。

② 油漆项目中，已包括钉眼刷防锈漆的工、料并综合了各种油漆的颜色，设计油漆颜色与定额不符时，人工、材料均不调整。

③ 定额已综合考虑分色及门窗内外分色的因素，如果需做美术图案者，可按实计算。

④ 定额中规定的喷、涂刷的遍数，如与设计不同时，可按每增减一遍相应定额子目执行。

⑤ 定额抹灰面乳胶漆、裱糊墙纸饰面是根据现行工艺，将墙面封油刮腻子、清油封底、乳胶漆涂刷及墙纸裱糊分列子目，定额乳胶漆、裱糊墙纸子目已包括再次找补腻子在内。

⑥ 天棚、墙、柱、梁面的喷（刷）涂料和抹灰面乳胶漆，工程量按实喷（刷）面积计算，但不扣除 0.3 m² 以

内的孔洞面积。

⑦ 各种木材面的油漆工程量按构件的工程量乘相应系数计算。

a. 踢脚线按延长米计算，如踢脚线与墙裙油漆材料相同，应合并在墙裙工程量中。

b. 橱、台、柜工程量计算按展开面积计算。零星木装修、梁、柱饰面按展开面积计算。

c. 窗台板、筒子板（门、窗套），不论有无拼花图案和线条均按展开面积计算。

⑧ 抹灰面、构件面油漆、涂料、刷浆

a. 抹灰面的油漆、涂料、刷浆工程量 = 抹灰的工程量。

b. 混凝土板底、预制混凝土构件仅油漆、涂料、刷浆工程量按一定系数套抹灰面定额相应项目计算。

⑨ 刷防火漆计算规则

a. 隔壁、护壁木龙骨按其面层正立面投影面积计算。

b. 柱木龙骨按其面层外围面积计算。

c. 天棚龙骨按其水平投影面积计算。

d. 木地板中木龙骨及木龙骨带毛地板按地板面积计算。

[例 4] 如图 3-1-1 所示，某房间混凝土墙面全部采用砂胶喷涂，天棚底面高程为 3.2m，试计算其工程量。

[解] 喷刷涂料工程量按设计图示尺寸以面积计算，扣除门窗洞口所占面积。

工程量 =（3.6-0.24+6-0.24）×2×3.2×3-
$$1.5 \times 2.4 - 0.9 \times 2.1 \times 2 - 1.8 \times 1.5 \times 2$$
$$= 162.32（m^2）$$

11）建筑面积工程量计算

① 建筑面积的概念

建筑面积是表示建筑物平面特征的几何参数，是指建筑物各层面积之和。包括使用面积、辅助面积和结构面积三部分。

使用面积是指建筑物各层平面中直接为生产或生活使用的净面积之和。如住宅建筑物中的客厅、卧室、餐厅等。

辅助面积是指建筑物各层平面中为辅助生产或生活所占净面积之和。如住宅建筑物中的楼梯、过道等。

使用面积与辅助面积之和称为有效面积。

结构面积是建筑物各层平面中墙、柱等结构所占面积之和。

② 面积在装饰工程计价中的作用

建筑面积在装饰工程计价中的作用，主要表现为以下

几个方面：

a. 重要管理指标。建筑面积是建设投资、建设项目可行性研究、建设项目勘察设计、建设项目评估、建设项目招标投标、建筑工程施工和竣工验收、建筑工程造价管理等一系列工作的重要计算指标，也是编制、控制和调整施工进度计划和竣工验收的重要指标。

b. 重要技术指标。建筑面积是计算开工面积、竣工面积、建筑装饰规模等的重要技术指标。

c. 重要经济指标。建筑面积是确定装饰工程技术经济指标的重要依据。例如装饰工程造价指标、劳动量消耗、材料消耗指标等。

d. 重要计算依据。建筑面积是计算装饰工程以及相关分部分项工程量的依据。例如，装饰用满堂脚手架工程量大小的确定与建筑面积有关。

12）装饰工程市场协商报价法

市场协商报价法主要针对大部分个体住宅装饰工程。

① 个体住宅装饰工程特点

由于住宅装饰工程项目内容多且工程量少，造价构成复杂而总造价较低。如果采用工程量清单计价方法进行造价计算，则需要业主有一定专业知识才能看懂和操作，但是家装工程面对的客户一般为非专业个体，为了保证每个客户拿到预算文件能清楚地了解自己要做的项目和单价情况，通常多采用市场协商住宅装饰工程报价法。其体系基本由直接人工费、材料费、管理费、设计费和税金组成。

住宅是一种以家庭为对象的人为生活环境，它既是家庭的标志，也是社会文明的体现。人们即希望每天住的地方舒适、整洁、美观，又希望有自己的个性和特点，所以家装设计也越来越精致，越来越个性化，反映在造价方面的差距也越来越大。另一方面，家装工程还受住宅户型的限制。我国目前的住宅户型主要有三类：平面户型（包括错层）、复式楼和别墅。

平面户型一般为一室一厅、两室一厅、两室两厅、三室两厅和四室两厅。这类住宅一般是大众的选择，在装饰上大部分以实用为主，单方造价相差不大。

复式楼分上下两层，功能分区比较明显。这部分客户对生活质量要求较高，对住房的要求除了实用和舒适外，还需要体现自己的品位与格调。装饰工程造价相对较高，造价差距主要反映在装饰材料上。

别墅分独立式和联体式。别墅是这三种户型中造价最高、最需要经济实力的一种住宅。其客户群除了有对住宅舒适性和个性化的要求外，大多数还要求彰显自己的地位和身份。此类装饰工程造价最高，造价差距不只反映在装饰材料上，还反映在人工费方面。

② 住宅装饰工程计价原则及其方法

大部分家装工程虽然不需要通过招投标来确定设计与施工单位，但是，家装工程预算也要遵循《建设工程工程量清单计价规范》和相关的法律法规。这也是市场经济的必然，在实际操作中必须遵循客观、公正、公平的原则，即家装工程预算与计价编制要实事求是，不弄虚作假，家装工程预算与计价活动要有高度透明度；公平对待所有业主，施工企业要从本企业的实际情况出发，不能低于成本报价，也不能虚高报价，双方要以诚实守信的原则合作。

目前市场上家装工程的报价，普遍应用的两种方法是综合报价法和工料分析报价法。综合报价是以实际消耗的人工费、材料费、施工机械使用费和管理费的综合报价。工料分析报价是把施工过程中所需要的材料分门别类地列出来，并对完成某一项目所需的人工费、施工机械费等进行综合分析，形成具有人工、材料（含材料损耗率）诸因素的工料分析预算报价方法。

在装饰工程的实际操作中，装饰公司的承包方式较为灵活，方式不一，有全包的，即包工包料；也有部分包工包料，如板材、油漆、瓷砖等主材由业主提供，其他辅料由施工单位承包。这些在预算编制中都要给予相应的考虑。

市场协商报价的报价表主要明确工程费用的组成内容，和随工程收取的相关费用，如设计费、管理费和税金等。为了便于业主一目了然，工程项目不以分部分项划分，而是以房间划分，应尽量明确所用材料的品牌及型号。

思考与练习：

一、单选题

1. 某家装工程一共用 800 mm × 800 mm 地砖 400 块，分两批采购，第一批采购了 280 块，单价为 70 元/块，运到工地的费用为 0.5 元/块，其余的单价为 90 元/块，运费为 0.8 元/块，该地砖的采购保管费率为 2%，包装品共回收 90 元，则其该地砖的单价为（　　）。
   A. 76.59 元/块　　　　B. 80.65 元/块
   C. 77.90 元/块　　　　D. 78.12 元/块

2. 建筑装饰工程定额项目计量单位的表示方法，均以国际单位制为单位，其中木材的计量单位表示为（　　）。
   A. t　　　　　　　　B. m
   C. kg　　　　　　　D. m³

3. 预算定额中，门窗油漆工程量的计量单位是（　　）。
   A. 框外围平方米　　　B. 洞口平方米
   C. 樘　　　　　　　　D. 展开面积

4. 材料预算价格计算公式为：（　　）
   A.（供应价 × 材料及保管费率）+ 市内运费
   B.（供应价 + 市内运费）× 采购及保管费率
   C. 供应价 ×（1+ 采购及保管费率）+ 市内运费
   D.（供应价 + 市内运费）×（1+ 采购及保管费率）

5. 租赁的运输车辆的司机工资应该列入（　　）。
   A. 机械台班费　　　　B. 企业管理费
   C. 材料费　　　　　　D. 运输费

6. 住宅装饰市场协商报价中，人工费共计 29 580.60 元，材料费共计 147 532.40 元，设计费和管理费各提 2%，其工程造价为（　　）。
   A. 177 113.00 元　　B. 184 197.50 元
   C. 178 296.20 元　　D. 184 197.50 元

7. 截面形状大小固定，长度发生变化时，定额计量单位为（　　）。
   A. 平方米　　　　　　B. 延长米
   C. 米　　　　　　　　D. 立方米

8. 材料采购及保管费，是以（　　）乘以一定费率计算的。
   A. 供应价 + 运输费　　B. 供应价 + 运输损耗
   C. 供应价　　　　　　D. 材料运到工地仓库价格

9. 某包间采用装饰板墙面，房间净长 4.2 m，净高 2.4 m，净宽 3.5 m，装有一扇门，规格为 900 mm × 2100 mm，不开窗，设一洞口传菜，规格为 600 mm × 400 mm，则该装饰板墙面的工程量为（　　）。
   A. 35.07 m²　　　　　B. 34.83 m²
   C. 36.95 m²　　　　　D. 35.83 m²

10. 在建筑装饰工程申，材料费约占总造价的（　　）。
    A. 40%~50%　　　　B. 50%~60%
    C. 60%~70%　　　　D. 70%~80%

二、多选题

1. 市场协商报价法主要针对个体住宅装饰工程，其报价体系基本上是由直接人工费和（　　）组成。
   A. 材料费　　　　　　B. 利润
   C. 税金　　　　　　　D. 设计费
   E. 管理费

2. 下列工程量计算按展开面积计算的是（　　）。
   A. 天棚假梁饰面　　　B. 楼梯整体面层
   C. 水泥砂浆踏脚线　　D. 石材面嵌金属
   E. 窗帘盒

3. 下列项目属于天棚工程分项工程的是（　　）
   A. 天棚面装饰线　　　B. 塑料扣板
   C. 吊在混凝土楼板上的方木龙骨
   D. 天棚抹灰面多彩涂料　E. 天棚面砂胶喷涂

4. 分部分项工程量清单中，计量单位应取整数的有（　　）。
   A. 米　　　　　　　　B. 吨
   C. 延长米　　　　　　D. 项

5. 下列项目属于楼地面工程的是（　　）。
   A. 踢脚线　　　　　　B. 干挂石材钢骨架
   C. 水泥砂浆垫层　　　D. 楼梯
   E. 栏杆、扶手

6. 人工工资一般包括（　　）。
   A. 奖金　　　　　　　B. 基本工资
   C. 加班费　　　　　　D. 相关保险费
   E. 工资性补贴

7. 住宅装饰市场协商报价中，通常包括下列哪些费用（　　）。
   A. 人工费　　　　　　B. 材料费
   C. 机械费　　　　　　D. 规费
   E. 税金

8. 下列说法正确的是（　　）。
   A. 物理计量单位是以物体自身为计量单位，表示工程完成的数量
   B. 工程量计算单位必须同定额计量单位一致
   C. 花岗岩、大理石板局部切除并分色镶贴成折线图案者称"简单图案镶贴"

D. 石灰砂浆、混合砂浆粉刷中不包括水泥护角线，需另行计算

E. 台阶整体面层按设计图纸实际尺寸以平方米计算

9. 下列工程可以用市场协商报价法报价的是（　　）。

A. 王先生价值 1000 万的别墅装修

B. 某小学体育馆装修

C. 某县城经济适用房整幢装修

D. 李女士服装专卖店装修

E. 陈先生两室一厅住房装修

10. 软装工程包括下列哪些内容？（　　）

A. 造型吊顶　　　　　B. 电视背景墙

C. 沙发　　　　　　　D. 家具

E. 绿化花卉

三、计算题

1. 列表计算所在教室装饰工程量和工程造价。

2. 某单位 2 楼会议室内的一面墙做 2100 mm 高的凹凸木墙裙，墙裙的木龙骨（包括踢脚线）截面 30 mm×50 mm，间距 350 mm×350 mm，木楞与主墙用木针固定，该木墙裙长 12 m，采用双层多层夹板基层（杨木芯十二厘板），其中底层多层夹板满铺，二层多层夹板面积为 12 m²，在凹凸面层贴普通切片板，面积 23.4 m²（不含踢脚线部分），其中斜拼 12 m²。踢脚线用 δ =12 mm 细木工板基层，面层贴普通切片板。油漆：润油粉二遍，刮腻子，漆片硝基清漆，磨退出亮，如图 3-1-4。请将其工程量计算表填完整。

序号	项目名称	单位	计算式	工程量
1	木龙骨	m	2.1×12	25.2
2				
3				
4				
5	面层贴普通切片板（斜拼）			
6				
7				
8				

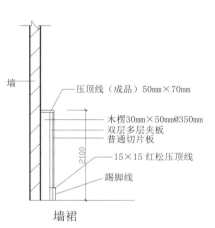

图 3-1-4　工程图表

项目二 公装工程投标报价文件编制

通过从当地招投标网站找到近期较有代表性的招标文件，由学生应用广联达软件进行报价文件编制，在高仿真投标报价过程中，能够提高学生的职业能力和职业兴趣。而且，在学生独立操作的过程中，能够进一步熟悉装饰工程预算定额，在逐条对照招标文件要求的过程中，还能够深入领会招标文件的实质性要求。另外，要想报价结果更贴近实际，还要对室内装饰材料与施工工艺详细掌握，并对当地装饰材料价格有所了解。

需要说明的，本书的课后习题，是参照江苏省装饰专业初级造价员大纲编制的，针对性和实践性较强，能够为学生将来的职业拓展打下基础。

1. 课程概况

① 课程要求

训练目的：能够编制装饰工程投标报价文件

训练重点：装饰工程定额的应用

学习难点：装饰工程量清单报件文件编制

作业时间：12 课时 + 课余时间

相关作业：了解行业工程招投标相关案例

② 教学案例

某幼儿园装饰工程投标报价文件编制

③ 知识点

装饰工程预算定额

装饰工程预算定额的应用

装饰工程工程量清单报价文件编制

工程招标与投标

④ 实践程序

子任务 1　解读装饰工程招标公告

子任务 2　解读装饰工程招标文件

子任务 3　了解工程招投标

⑤ 思考与练习

⑥ 相关参考资料和信息

《江苏省建筑与装饰工程计价表》（2004 年）

关于颁发《江苏省建设工程费用定额》的通知，江苏省建设厅文件，苏建价〔2009〕107 号

关于调整建筑、装饰、安装、修缮加固、城市轨道交通、仿古建筑及园林工程预算工资单价的通知，江苏省住房和城乡建设厅文件，苏建价〔2011〕812 号

各市招标网（如无锡招标网：http：//js.bidcenter.com.cn/1205）

各省招标网（如江苏招标网：http：//js.bidcenter.com.cn）

××省工程造价信息网（如江苏省工程造价信息网：http：//www.jszj.com.cn）

中国注册造价工程师网（http：//www.zaojiashi.com）

 第三章　室内装饰工程预算编制实训

2. 案例

[案例] 根据以下招标公告相关内容编制投标报价文件。

宜兴市 ×× 幼儿园装修工程招标文件发放公告

项目编号：YXS2012070××××

1. 招标条件

宜兴市城市建设发展有限公司的宜兴市 ×× 幼儿园装修工程，已由宜兴市发展和改革委员会批准建设，建设资金来自自筹，现已落实。江苏 ×× 建设工程咨询有限公司受招标人委托负责本工程的招标事宜。现对该项目的施工进行公开招标。

2. 项目概况与招标范围

2.1 工程规模：约 2308.49 m^2

2.2 结构类型：框架结构

2.3 招标范围：图纸设计范围内的内部装饰工程

2.4 标段划分：一个标段

2.5 质量要求：合格

2.6 计划开竣工日期：2012 年 6 月 14 日开工至 2012 年 8 月 17 日竣工。工期为 65 日历天。

2.7 工程地点：城东荆邑路 ×× 号

2.8 合同估算价：约 130 万元

3. 投标人资格要求

3.1 投标人资质类别和等级：房屋建筑工程施工总承包三级及以上

3.2 投标项目经理资质类别和等级：建筑工程注册建造师二级及以上

3.3 本次招标不接受联合体投标。

3.4 本工程采用资格后审方法选择合格的投标人参加投标。

4. 资格审查条件

4.1　对投标人的资格审查按照苏建招〔2006〕372 号文件及有关法规文件执行，其中资格审查合格条件为：

（1）具有独立订立合同的能力；

（2）未处于被责令停业、投标资格被取消或者财产被接管、冻结和破产状态；

（3）企业没有因骗取中标或者严重违约以及发生重大工程质量、安全生产事故等问题，被有关部门暂停投标资格并在暂停期内的；

（4）企业和项目负责人的资质类别、等级满足招标公告要求；

（5）资格审查申请书中的重要内容没有失真或者弄虚作假；

（6）企业具备安全生产条件，并取得安全许可证；

（7）投标项目负责人无在建工程，且在"在锡执业建造师信用管理系统"中执业状态为"无在建工程"（网址：http：//218.90.141.182：81/jgcxy/）；

（8）投标项目负责人不在承接工程限制期内；

（9）宜兴市内企业持有无锡市核发（或备案）的有效《江苏省建筑业企业信用管理手册》；

（10）宜兴市外企业持有宜兴市建管处（或市政处）签署意见的《外市进宜建筑业企业备案登记表》（详见宜建〔2010〕128 号文件）。

（11）企业持有《宜兴市建设领域民工工资保障金管理手册》或宜兴市建管处盖章确认的《无锡市建设工程施工企业交纳民工工资支付保证金工作联系单》；

（12）符合法律、法规规定的其他条件。

5. 开标时须提交的原件：①企业营业执照；②企业资质证书；③无锡市核发（或备案）的有效《江苏省建筑业企业信用管理手册》（宜兴市内企业）或宜兴市建管处（或市政处）签署意见的《外市进宜建筑业企业备案登记表》（宜兴市外企业）；④建造师注册证书或宜兴市相关行政主管部门的押证明及《施工企业项目负责人安全生产考核合格证》B证；⑤安全生产许可证；⑥《宜兴市建设领域民工工资保障金管理手册》或宜兴市建管处盖章确认的《无锡市建设工程施工企业交纳民工工资支付保证金工作联系单》；⑦投标人代表（法定代表人或授权委托人和投标项目负责人）的身份证明和开标前三个月的养老保险缴费证明（其中交费证明必须注明个人代码和身份证号码，以便核查，否则该证明不予认可）；⑧法定代表人身份证明；⑨授权委托书；⑩投标保证金票据。

6. 获取招标文件的时间和方法：请注意宜兴市招投标网"招标文件发放公告"。

7. 网上答疑：本工程不集中组织答疑，投标人如有疑问可以通过点击该工程招标公告后在"疑问留言"区以不署名的形式提出，招标人或其委托的招标代理机构解答并形成补遗文件在宜兴市招投标网"答疑公示"区公示。施工企业可以通过阅读宜兴市招投标网"投标人须知专栏"，以了解宜兴市政府投资工程招投标的一般规则。

8. 其他：

8.1 有不良行为在公示期内被暂停投标资格的投标人不得参加本工程投标。

8.2 投标项目负责人变更工作单位不满三个月的不得参与本工程的投标。

8.3 中标后或施工期间更换的投标项目负责人自更换备案之日起至原合同工期期满之日止，不得参与本工程的投标，如备案之日至原合同工期期满之日不足六个月的，按六个月计算。自行更换未经备案的，按有在建工程处理。

8.4 报名的投标项目负责人如有同时参与其他工程投标的情况，必须在投标文件中说明，如有隐瞒将按有关规定处理。

8.5 投标人应慎重考虑选派一名投标项目负责人同时参加多个工程项目的投标竞争，如投标项目负责人在多个工程项目均中标的，只能按照不同工程项目中标通知书发出的时间先后，担任本企业最先中标项目的投标项目负责人。后确定该企业为中标人的工程项目的招标人将取消其中标资格，并可以没收其投标担保。投标人隐瞒中标项目获取中标的，按弄虚作假骗取中标查处。

8.6 招标人要求提交的原件资料如在年检中或因其他原因无法提供，投标人需提供原件发证部门或年检部门出具的有效书面证明，标明有效期。如证明内容模棱两可、含糊不清或因原件资料在其他地方也要使用等，招标人不予认可。

8.7 对于投标人的不良投标行为，相关行政主管部门将根据宜政发〔2008〕243号文件《宜兴市招投标市场准入管理暂行办法》做出相应处罚。

9. 发布公告的媒介：

9.1 本次招标公告同时在江苏建设工程招标网和宜兴市招投标网上发布。

9.2 本公告发布日期从2012年6月1日至2012年6月6日，本公告为第1次发布公告。

江苏××工程造价咨询有限公司

2012年6月1日

附件一　招标文件电子版

宜兴市 ×× 幼儿园装修工程施工招标招标文件

项目编号：YXS2012070×××

项目名称：宜兴市 ×× 幼儿园装修工程

招标人或招标代理机构：江苏 ×× 工程造价咨询有限公司

法定代表人或其委托代理人：×××（签字或盖章）

日期：2012 年 6 月 1 日

经办人：＿＿＿＿＿（签字）

目录

项目二　公装工程投标报价文件编制

第一章　投标人须知

项号	条款号	条款名称	编列内容
1	1.2	招标人	名称：江苏宜兴经济开发区投资发展有限公司 地址：江苏宜兴经济开发区
2	1.2	招标代理机构	名称：江苏××工程造价咨询有限公司 地址：宜兴市荆邑路××号
3	1.2	工程名称	宜兴市××幼儿园装修工程
4	1.2	建设地点	宜兴市经济开发区
5	1.2	工程规模	合同估算价约130万元
6	1.2	项目批文	苏宜开发区经君〔2012〕00×号
7	1.2	设计单位	
8	2.1	资金来源	自筹
9	2.2	资金落实情况	已落实
10	3.1	计划工期	计划工期：65日历天 计划开工日期：2012年6月14日 计划竣工日期：2012年8月17日（具体开工日期以监理开工令为准）
11	3.2	质量要求	合格
12	4.1	招标范围	装修施工
13	4.2	标段划分	一个标段
14	5.1	资格审查方式	资格后审
15	6.1	投标人资质条件能力和信誉	资质条件：建筑装修装饰工程专业承包贰级资质 财务要求：良好 业绩要求：无 信誉要求：无 项目经理（建造师，下同） 资格：贰级及以上注册建造师（建筑专业） 其他要求：无
16	6.2	是否接受联合体投标	不接受
17	11.1	踏勘现场	不组织，投标人自行前往踏勘
18	12.1	投标预备会	不召开
19	12.2 15.1	投标人提出问题的截止时间	无
20	12.3 15.2	招标人书面澄清的时间	无
21	13	分包	不得分包
22	14.1 （10）	构成招标文件的其他材料	工程量清单及施工图
23	18.1	工程造价计价方式	工程量清单计价

第三章　室内装饰工程预算编制实训

项号	条款号	条款名称	编列内容		
24	18.3	不可竞争费项目及费率			
			费率 \\ 项目	装饰	安装
			现场安全文明施工基本费	0.9	0.8
			现场安全文明施工考评费	0.5	0.4
			奖励费	—	—
			工程排污费	0.1	0.1
			安全生产监督费	0	0
			社会保障费	2.2	2.2
			住房公积金	0.38	0.38
			税金	3.48	3.48
25	20.1	预算价和招标控制价（最高限价）公示	时间：2012 年 6 月 1 日至 2012 年 6 月 8 日 16 时 00 分 地点：宜兴市招投标网站公示栏 网站：www.yxztb.net		
26	21.1	投标有效期	为：60 日历天（从投标截止之日算起）		
27	22.1	投标保证金	投标保证金的形式：汇票或本票或转账或电汇 投标保证金的金额：贰万元整 投标保证金的递交：将投标保证金在投标截止时间前交纳至宜兴市招投标中心投标保证金账户，其他形式的投标保证金概不接受。在开标时投标人提交票据，由招投标中心负责接受核验。对未通过核验的，拒绝其投标文件；对在评标过程中发现未通过核验，一律不予评审；对在评审结束后发现未通过核验且对评标结果有影响的，则作重新评审（若投标人是第一次缴纳投标保证金，则在开标时必须携带开户许可证登记备案，以便以后核对其基本账户）。 接收单位：宜兴市招投标中心 账号：8920××××××0000×××× 开户行：江苏银行宜兴支行		
28	23.2	近年财务状况的年份要求	叁年，指 2008 年起至 2010 年或 2009 年起至 2011 年		
29	23.3	近年完成的类似项目的年份要求	/		
30	23.5	近年发生的诉讼及仲裁情况的年份要求	叁年，指 2008 年至今		
31	24	是否允许递交备选投标方案	不允许		
32	25.5	投标文件份数	书面投标文件份数：壹份正本，肆份副本 （本工程不需要刻录投标电子光盘）		
33	26.2	封套上写明	招标人的地址：江苏宜兴经济开发区 招标人名称：江苏宜兴经济开发区投资发展有限公司 宜兴市 ×× 幼儿园装修工程投标文件 在 2012 年 6 月 8 日 16 时 00 分前不得开启		
34	27.1 27.2	投标文件提交地点及截止时间	收件人：刘 ×× 地点：宜兴市招投标中心（陶都路 115 号）开标①室 时间：2012 年 6 月 8 日 16 时 00 分		

续表

项号	条款号	条款名称	编列内容
35	27.3	是否退还投标文件	否
36	29	开标时间地点	开标时间：同投标截止时间 地点：宜兴市招投标中心（陶都路 115 号）开标①室
37	31.1	符合性审查和资格审查要求提交的原件资料	1. 投标人代表（法定代表人或授权委托人和项目经理）的身份证明和开标前三个月的养老保险缴费证明，其中交费证明必须注明个人代码和身份证号码，以便核查，否则该证明不予认可； 2. 法定代表人身份证明书； 3. 授权委托书； 4. 企业营业执照； 5. 企业资质证书； 6. 安全生产许可证； 7. 注册建造师证书； 8. 施工企业项目负责人安全生产考核合格证 B 证； 9. 无锡市核发或备案的有效《江苏省建筑业企业信用管理手册》（宜兴市内企业）或宜兴市建筑安装工程管理处（或宜兴市市政建设管理处）签署意见的有效《外市进宜建筑业企业备案登记表》（宜兴市外企业）； 10. 投标保证金票据； 11.《宜兴市建设领域民工工资保障金管理手册》或宜兴市建管处盖章确认的《无锡市建设工程施工企业交纳民工工资支付保证金工作联系单》。
38	41.1	履约担保	履约担保的形式：履约保证金 履约担保的金额：投标总价的 10%
39	42.1	合同签订	自中标通知书发出之日起 30 天内
40	14.3	施工图获取方式	宜兴市招投标网自行下载。
41	14.2	招标文件售价	500 元
42	14.3	资格审查资料是否需要单独编制	否
43	50	需要补充的其他内容	

一、开标前检查各投标人到会人员情况及相关证件，不符合要求的按31.3条规定，其投标文件不予拆封，并退回给投标人。

二、投标函附录中的内容投标人必须做出相应承诺。

三、养老保险证明包括《职工养老保险手册》（内附近三个月交费清单）或由社保机构出具的交费证明两种，其中交费证明必须注明个人代码和身份证号码，以便核查，否则该证明不予认可。

四、投标保证金管理要约：

1. 提交投标保证金后，投标人无正当理由、未以书面形式向招标人递交说明而在投标截止日不来投标的，所交纳的保证金不予退还；

2. 投标人投标报价超过最高限价（招标控制价）的，其投标保证金不予退还；

3. 投标人的投标文件经评标委员会评审认定为不该出现的雷同情况的，其投标保证金不予退还；

4. 投标人递交投标文件后，无正当理由放弃投标的，其投标保证金不予退还；

5. 自中标通知书发出之日起 30 日内，中标人无正当理由不与招标人签订合同，其投标保证金不予退还；

6. 投标人在投标过程中被查实有串标、围标、陪标等违法违纪行为的，其投标保证金不予退还；

7. 投标人有违约违规行为或被投诉、举报的，在调查处理期间，保证金暂不退还，待调查处理结束后按有关规定处理；

8. 在招投标过程中，投标项目经理无在建工程，且在"无锡执业建造师信用管理系统"中执业状态为"无在建工程"。投标人项目经理（建造师）更换备案之日起至原合同工期期满之日前或项目经理（建造师）更换备案不满六个月参与投标的，其投标保证金不予退还。其中，对中标候选人按不良行为公示并限制市场准入一年。

9. 招标文件有其他规定的从其规定处理。

五、投标保证金的退还方式：

在办理工程承发包合同备案手续时经市招投标中心建设项目交易科在往来款单据上签字后，中标单位至市招投标中心综合信息科以电汇、转账形式办理无息退款手续。对其余中标候选人则在中标人签订合同后以电汇、转账形式办理无息退款手续，对其余投标人，则在中标结果公示结束后以电汇、转账形式办理无息退款手续。

项号	条款号	条款名称	编列内容

六、招标人要求提交的原件资料如在年检中或因其他原因无法提供,投标人需提供原件发证部门或年检部门出具的有效书面证明,并标明有效期。如证明内容模棱两可、含糊不清或因原件资料在其他地方也要使用等,招标人不予认可。

七、履约保证金工程竣工预验收合格后"无息"退还。

八、图纸押金退还方式和管理要约:

如施工图未从网站上传下载,而是收取押金现场发放的,则在中标结果公示结束后,押金收取人按"押金票据核验单"及押金收据经与票据存根核对后,将押金退还投标人。

投标人获取施工图纸或施工图光盘后,如放弃投标,应以正当理由以书面形式告知招标人,并向招管办监督科备案。否则,无正当理由、未以书面形式告知招标人并向招管办监督科备案而在投标截止日不来投标,或者递交投标文件后无正当理由放弃投标的,除不可抗力情况外,图纸押金不退,并以疑似不良行为在网上予以公示3个月。在公示期间,其他政府投资项目的招标人可据此不接受其投标。

九、投标人必须以企业法人的名义提交投标保证金,投标保证金必须从企业的法人基本存款账户缴纳。以个人、企业的办事处、分公司、子公司名义或从他人账户、投标人企业的其他账户缴纳的投标保证金无效。

十、中标人在中标后或施工期间不得随意变更中标项目经理。如果出现特殊情况,确需更换的,应当提供必要的证明文件经招标人和招投标监管部门同意后备案。自备案之日起至原合同工期期满之日止,原中标项目经理不得作为项目经理承接其他工程,如备案之日至原合同工期期满之日不足六个月,则限制其承接工程的期限为六个月。招投标监管部门将在备案手续上注明限制承接工程的起止日期,并在办理备案手续之日起的三个工作日内将项目经理变更情况、限制承接工程的期限在网上予以公布。

十一、本工程采用资格后审,投标人应按招标公告及本招标文件要求提交全套资格审查材料,任何缺项将可能导致投标被拒绝。

十二、投标文件的正、副本及资格审查文件均应采用粘贴方式装订,不得采用活页夹等可随时拆换的方式装订。否则投标资料如有缺失,责任由投标人自负。

十三、本工程不要求刻录投标文件电子光盘。

十四、本工程不需编制商务标。

十五、投标报价必须为公布的工程招标合理价。

十六、招标人在招标文件的"主要材料和设备品牌响应表"中提出的要求,投标人必须做出承诺,否则作废标处理。

第三章 合同条款及格式通用条款

(使用建设部、国家工商行政管理局1999年12月24日印发的《建设工程施工合同(示范文本)》,详细内容投标人自行查阅或购买)。

第三部分 专用条款

一、词语定义及合同文件

1. 合同文件及解释顺序

合同文件组成及解释顺序:本合同协议书及其补充协议书、合同条件、招标文件、投标文件、本合同专用条款、本合同通用条款、标准、规范及有关技术文件、图纸、其他有关文件。

2. 语言文字和适用法律、标准及规范

2.1 本合同除使用汉语外,还使用 / 语言文字。

2.2 适用法律和法规:需要明示的法律、行政法规:《合同法》、《建筑法》及江苏省现行相关法律、法规。

2.3 适用标准、规范

适用标准、规范的名称:按国家及江苏省现行标准执行。

发包人提供标准、规范的时间:与本工程图纸同时提交。

国内没有相应标准、规范时的约定：<u>由发包人提前 14 天向承包人提出施工技术要求，承包人按约定的时间和要求提出施工工艺，经发包人及监理工程师批准后执行。</u>

3. 图纸

    3.1 发包人向承包人提供图纸日期和套数：<u>开工前三天提供图纸叁套。（包含竣工图使用的图纸）</u>

    发包人对图纸的保密要求：<u>施工图需保密，工程竣工后，所有图纸全部交还发包人。</u>

    使用国外图纸的要求及费用承担：<u>不使用外国图纸。</u>

二、双方一般权利和义务

4. 工程师

    发包人委托的职权：<u>质量、进度、投资控制，安全监理，合同管理，信息管理，各方关系协调等。</u>

    需要取得发包人批准才能行使的职权：<u>工程变更和签证等需经发包人确定同意后方可签发。</u>

    发包人派驻的工程师

    姓名：_____   职务：_____   职权：<u>按相关规定和要求会同监理人员抓好质量、进度、投资控制、安全监理、合同管理、信息管理及各方关系协调，并考核监理单位监理人员执行发包人委托的职权的情况等。</u>

    不实行监理的，工程师的职权：<u>全面负责质量、进度、投资、安全监理、合同管理、信息管理、各方关系协调等。</u>

5. 项目经理

    姓名：_____   职务：_____

6. 发包人工作

    6.1 发包人应按约定的时间和要求完成以下工作：<u>在开工前。</u>

    （1）施工场地具备施工条件的要求及完成的时间：<u>在开工前。</u>

    （2）将施工所需的水、电、电信线路接至施工场地的时间、地点和供应要求：<u>在开工前。</u>

    （3）施工场地与公共道路的通道开通时间和要求：<u>在开工前。</u>

    （4）工程地质和地下管线资料的提供时间：<u>在开工前。</u>

    （5）由发包人办理的施工所需证件、批件的名称和完成时间：<u>按相关规定办理。</u>

    （6）水准点与座标控制点交验要求：<u>发包人以书面形式交验，由承包人作好接收记录，施工过程中由承包人负责保护好水准点及坐标控制点，工程结束后移交给发包人。</u>

    （7）图纸会审和设计交底时间：<u>开工前三天。</u>

    （8）协调处理施工场地周围地下管线和邻近建筑物、构筑物（含文物保护建筑）、古树名木的保护工作：<u>发包人将召集相关单位对地下管线及其他需要保护进行现场交底，并承担有关费用。交底后由承包人对地下管线及其他需保护对象进行保护。</u>

    （9）双方约定发包人应做的其他工作：<u>配合承包人协调与当地政府部门的关系。</u>

    6.2 发包人委托承包人办理的工作：<u>双方另行约定。</u>

7. 承包人工作

    7.1 承包人应按约定的时间和要求完成以下工作：

    （1）需由设计资质等级和业务范围允许的承包人完成的设计文件提交时间：<u>在开工前提交。</u>

    （2）应提供计划、报表的名称及完成时间：<u>每月 25 日前提供计划及完成工程量报表一式三份。如计划有修正，则在保证总工期的情况下提供修正以后的计划。</u>

    （3）承担施工安全保卫工作及非夜间施工公建的责任和要求：<u>承包人应按建设行政管理部门和相关部门

的要求，承担此项工作和相应设施，以保护公共安全，并提供方便，切实做好施工范围安全保卫工作，文明施工及夜间施工公建工作。

（4）向发包人提供的办公和生活房屋及设施的要求：无。

（5）需承包人办理的有关施工场地交通、环卫和施工噪声管理等手续：按相关职能部门要求办理相应手续。

（6）已完工程成品保护的特殊要求及费用承担：见补充协议。

（7）施工场地周围地下管线和邻近建筑物、构筑物（含文物保护建筑）、古树名木的保护要求及费用承担：按文明施工做好相关工作，文明工地考评按宜建〔2010〕18号文件执行。

（8）施工场地清洁卫生的要求：按文明施工做好相关工作，文明工地考评按宜建〔2010〕18号文件执行。

（9）双方约定承包人应做的其他工作：按投标书做好相关工作。

三、施工组织设计和工期

8. 进度计划

8.1 承包人提供施工组织设计（施工方案）和进度计划的时间：设计交底后一周内。

工程师确认的时间：承包人提供后十四天内确认。

8.2 群体工程中有关进度计划的要求：实际进度与计划进度不符合时，承包人应按发包方代表或总监理工程师的要求提出改进措施，报发包方代表批准后执行。

9. 工期延误

9.1 双方约定工期顺延的其他情况：① 不可抗力；② 一周内非承包人原因造成的停电停水累计超过8小时，则工期顺延一天；③ 政府部门发出的非承包人原因的停工通知；④ 非承包人过失造成的工期延误；⑤ 非承包人的风险范围。非上述原因导致工程不能按合同工期竣工的，承包人承担违约责任。

四、质量与验收

10. 隐蔽工程和中间验收

10.1 双方约定中间验收部位：按施工验收规范。

五、安全施工

本工程施工过程中必须安全文明施工。该项由管理单位根据现行安全文明施工考核办法考核，如达不到安全文明施工要求，根据考核办法对相应费率作相应的扣减。

六、合同价款与支付

11. 合同价款及调整

11.1 本合同价款采用（1）固定单价合同方式确定。

（1）采用固定价格合同，合同价款中包括的风险范围：材料差额及人工工资单价均不调整。

各类变更及新增项目涉及的相关综合单价按以下原则确定并在招标文件中予以约定：按宜政发〔2007〕181号文件规定执行，让利率为中标价相对于招标预算价（标底价）的让利率。

（2）采用可调价格合同，合同价款调整方法： / 。

（3）采用成本加酬金合同，有关成本和酬金的约定： / 。

11.2 双方约定合同价款的其他调整因素： / 。

12. 工程预付款

发包人向承包人预付工程款的时间和金额或占合同价款总额的比例： / 。

扣回工程款的时间、比例： / 。

13. 工程量确认

承包人向工程师提交已完工程量报告的时间：每月 25 日前提供，由监理工程师、发包人代表进行计量。

14. 工程款（进度款）支付

双方约定的工程款（进度款）支付的方式和时间：工程竣工验收合格后付至合同价的 40%（进场付 10%，工程完成一半付 10%，竣工验收付 20%），余款按竣工验收之日隔 365 天付至审计价的 60%，再隔 365 天付至审计价的 80%，再隔 365 天付至审计价的 100%，即付清。[4：2：2：2]

七、材料设备供应

15. 发包人供应材料设备

15.1 发包人供应的材料设备与一览表不符时，双方约定发包人承担责任如下：

（1）材料设备单价与一览表不符：<u>见通用条款 27.4。</u>

（2）材料设备的品种、规格、型号、质量等级与一览表不符：<u>见通用条款 27.4。</u>

（3）承包人可代为调剂串换的材料：<u>见通用条款 27.4。</u>

（4）到货地点与一览表不符：<u>见通用条款 27.4。</u>

（5）供应数量与一览表不符：<u>见通用条款 27.4。</u>

（6）到货时间与一览表不符：<u>见通用条款 27.4。</u>

15.2 发包人供应材料设备的结算方法：<u>由发包人直接与材料供应商结算。</u>

16. 承包人采购材料设备

承包人采购材料设备的约定：<u>除甲供材以外，由承包人自行确定，但须符合相应的国家或行业技术、施工、质量、检验等规范要求，并需满足招标文件要求，且必须在材料进场前十五天交发包人确认。</u>

八、工程变更

九、竣工验收与结算

17. 竣工验收

17.1 承包人提供竣工图的约定：承包人按国家和江苏省城建档案馆管理相关规定，提供给发包人两套完整、准确、真实、清晰的竣工图，在竣工验收前与完整的竣工资料一起提供。

17.2 中间交工工程的范围和竣工时间：___/___。

十、违约、索赔和争议

18. 违约

18.1 本合同中关于发包人违约的具体责任如下：本合同通用条款第 24 条约定发包人违约应承担的违约责任：<u>造成工期延误的，工期顺延。</u>

本合同通用条款第 26.4 款约定发包人违约应承担的违约责任：<u>造成工期延误的，工期顺延。</u>

本合同通用条款第 33.3 款约定发包人违约应承担的违约责任：<u>造成工期延误的，工期顺延。</u>

双方约定的发包人其他违约责任：<u>按双方约定处理工程款支付办法。</u>

18.2 本合同中关于承包人违约的具体责任如下：

本合同通用条款第 14.2 款约定承包人违约应承担的违约责任：<u>每延误一天罚 2000 元。</u>

本合同通用条款第 15.1 款约定承包人违约应承担的违约责任：<u>发包人有权没收履约保证金，并责令其返工或停工退场，由此造成一切损失及造成的后果均由承包方承担。</u>

双方约定的承包人其他违约责任：在工程施工过程中，承包人不符合施工要求或不服从发包人及发包人委托的监理管理时，发包人有权没收履约保证金，并责令其返工或停工退场，由此造成一切损失及造成的后果均由承包方承担。

19. 争议

双方约定，在履行合同过程中产生争议时：

（1）请双方当事人协商解决，或邀请第三方调解；

（2）调解不成，约定向宜兴市人民法院提起诉讼。

十一、其他

20. 工程分包

20.1 本工程发包人同意承包人分包的工程：不得分包。

21. 不可抗力

双方关于不可抗力的约定：按国家规定的不可抗力的标准。

22. 保险

本工程双方约定投保内容如下：

（1）发包人投保内容：发包人按国家的有关规定。

发包人委托承包人办理的保险事项：无。

（2）承包人投保内容：承包人必须为危险作业人员办理意外伤害保险，并为施工场地内具有人员生命财产和施工机械设备办理保险。

23. 担保

本工程双方约定担保事项如下：

发包人向承包人提供履约担保，担保方式为：另行约定担保合同作为本合同附件。

承包人向发包人提供履约担保，担保方式为：另行约定担保合同作为本合同附件。

（3）双方约定的其他担保事项：① 承包人除按照规定的标准提交 10% 履约保证金外，若中标价比有效投标报价平均值低 5% 以上，则承包人还应当在合同签订之前按照中标价与有效投标报价平均值之差向发包人另行提交中标差额保证金。② 履约保证金工程竣工预验收合格后"无息"退还。

24. 合同份数

双方约定合同副本份数：正本二份，双方各执一份，副本八份，双方各执四份。

25. 补充条款

25.1 承包人应在提交竣工验收申请后 3 个月内向发包人提交完整的工程结算资料。

25.2 承包人应积极参与、配合工程结算审核对账工作，并在审计单位规定时间内完成对账确认工作；工程结算审定结果以宜兴市审计局复核确认为准。

25.3 本工程不要求创建省、市级文明工地，施工过程中必须安全文明施工，该项由管理部门考核并出具证明，若达不到安全文明施工要求，根据安全文明施工考核制度对该费用作出相应扣除。

25.4 项目经理必须在该工程施工过程中始终在施工现场直接参与工程管理，发包人对项目经理及其他主要管理人员"五大员"进行考核并制定考核表，项目经理每月出勤不少于 22 天，每天不少于 5 小时，每考核一次不合格对承包人处 500 元 / 次的罚款；其他主要管理人员"五大员"（施工员、质检员、安全员、材料员、资料员）必须全日制到岗，其他特殊工种必须持证上岗，旁站作业质检员必须到岗，每考核一次不合格对承包人处 500 元 / 人的罚款。但处罚总额不超过总造价的 1%；考核情况严重者，发包人视考核情况有权终止该工程建设合同。发包人有权要求承包人更换不称职的项目施工管理人员，承包人不得借故推托不更换。

25.5　承包人负责施工全过程的一切安全工作，如发生安全、交通等事故，一切责任由承包人承担。承包人必须对本单位在本工程施工中的所有人员办理有关保险事项。

25.6　施工期间出现质量事故，如果承包人无力修复或者工程师考虑工程安全，要求承包人紧急修复，而承包人不愿或不能立即进行修复时，发包人有权雇用其他人完成修复工作，所支付的费用从承包人处扣回。

25.7　工程审计费的支付按宜政发〔2007〕181 号文件规定执行。

25.8　承包人对发包人违反质量管理规定提出的降低工程质量的要求，应当予以拒绝，否则造成损失由承包人负责。

25.9　承包人工程竣工结算的工程发票，必须在工程所在地的税务部门开具。

25.10　若发包人组织实施跟踪审计，则 26 款中"按工程施工进度至竣工验收合格时支付合同款的 40%（进场付 10%、工程完成一半付 10%、完工付 10%、竣工验收合格付 10%）"的各项进度款支付与承包人配合跟踪审计提交各阶段性结算资料的及时性挂钩。承包人应全力配合跟踪审计单位并按跟踪审计要求做好相关工作。

25.11　合同需由承包人和发包人双方盖骑缝章才生效。

25.12　所有工程变更及现场签证需经发包人、监理单位、跟踪审计单位的签字认可。

25.13　装饰工程承包人使用土建承包人的垂直运输机械及脚手架，费用由双方自行协商。装饰工程承包人在需要使用垂直运输机械时，应提前通知土建承包单位，以便土建承包单位做出安排，划出某一固定时间段供使用，确保垂直运输设施的有效、合理使用，发挥其最大使用效率。装饰工程承包人应将该部分发生的费用综合考虑在投标报价中，工程竣工结算时不再另行计算脚手架、垂直运输费用。

25.14　承包人应与其他专业承包单位按工序要求做好交接工作。

25.15　甲供材的使用及约定：

（1）发包人根据承包人提交的材料计划（进场时间、数量），分批提供材料到施工现场。承包人负责甲供材料的规格、数量、质量的验收及材料的搬运、保管，并向供货商出具收货证明。

（2）甲供材料的搬运、保管的费用，承包人应综合考虑在本次投标报价之内。

（3）甲供材料的最终结算数量按审计结算量为准，领用数量超出部分由承包人承担。

（4）所有甲供材料的损耗以定额损耗为准，若承包人认为定额损耗不足，则由承包人在投标时结合施工图及实际经验综合考虑在投标报价中，在结算时不作调整。

投标文件格式

四、投标函

_____（招标人名称）：

1. 我方已仔细研究了_____工程施工招标文件的全部内容，愿意以人民币（大写）壹佰叁拾万元（￥130.00 万元）的投标总报价，工期 65 日历天，按合同约定实施和完成承包工程，修补工程中的任何缺陷，工程质量达到合格。

2. 我方承诺在投标有效期内不修改、撤销投标文件。

3. 随同本投标函提交投标保证金一份，金额为人民币（大写）_____（￥_____元）。

4. 如我方中标：

（1）我方承诺在收到中标通知书后，在中标通知书规定的期限内与你方签订合同。

（2）随同本投标函递交的投标函附录属于合同文件的组成部分。

（3）我方承诺按照招标文件规定向你方递交履约担保。

（4）我方承诺在合同约定的期限内完成并移交全部合同工程。

5. 我方在此声明，所递交的投标文件及有关资料内容完整、真实和准确，且不存在第一章"投标人须知"第

6. 3 款规定的任何一种情形。

_____（其他补充说明）。

投标人：_____（盖单位章）

法定代表人或其委托代理人：_____（签字）

地址：_____

网址：_____

电话：_____

传真：_____

邮政编码：_____

_____年____月____日

项目一 公装工程投标报价文件编制

五、投标函附录

序号	条款名称	招标人规定	投标人承诺	备注
1	履约保证金	履约保证金中标价的10%，返还方式详见施工合同第41.3条款。		
2	项目经理和其他主要管理人员出勤考核	项目经理每月必须有22天出勤记录，每天5～6小时，每考核到一次不合格，处合同价的0.2%的罚款，但处罚总额最多不超过合同价的1%。情节严重者，发包人有权终止该工程建设合同。		
3	工期	（65）日历天	（ ）日历天	
4	误期违约金	每延误一天罚款2000元	（ ）元／天	
5	质量标准	合格		
6	项目经理或建造师姓名		姓名	
7	误期违约金限额	合同款的10%		

注：投标人必须按招标人规定作出承诺，并可以提出更有利于招标人的承诺

序号	材料设备名称	招标人推荐品牌（型号）	投标人承诺品牌（型号）	备注
1	纸面石膏板	龙牌、可耐福、泰山、杰科、拉法基（龙牌生产单位为北新建材厂）		
2	执手锁、拉手	雅洁、汇泰龙、顶固、GMT、坚朗、安恒		
3	合页、门吸	雅洁、汇泰龙、顶固、GMT、坚朗、安恒		
4	地弹簧	GMT、皇冠、即时妥、SEECAR、海达、盖泽		
5	内墙乳胶漆	虎皇（LT2004，20kg）、汇丽宝净味墙面漆、多乐士（A974，20L，ICI专业内墙漆1200）、立邦净味120二合一乳胶漆、天祥"美嘉乐耐擦洗TX821"		
6	建筑胶水	力扬无醛超浓缩胶水、喜洋洋环保建筑胶水、创盛环保胶水、中南无醛建筑用胶水、中南环保型建筑用胶水		
7	成品模压（吸塑）门	凯美斯、皇家、杰木森、清源龙、现代、美心、TATA		
8	洁具品牌要求	惠达、美标、东鹏、卡尼斯、箭牌		
9	开关插座面板	三雄极光V6、TCL、松下、佛山照明、西蒙55系列		
10	灯具	三雄极光、惠州雷士、飞利浦、松下、TCL		
11	电线电缆	远东、江南、圣安、中超、宝安		

六、主要材料和设备品牌响应表

注：投标人应在以上招标人推荐的三个或三个以上同档次品牌产品中选择，并在以上承诺表中予以承诺。招标人在推荐品牌后列明型号系列的，承诺时也必须明确到型号系列。投标人必须按上述要求在以上承诺表中进行承诺，否则视为未响应招标文件的实质性要求。

七、项目管理机构包括项目管理机构组成表和主要人员简历表两个表格

八、资格审查资料内容较多，具体目录如下

（一）承诺书

（二）投标人基本情况表

（三）投标项目经理简历表

（四）近年财务状况表

（五）近年完成的类似项目情况表

（六）正在施工的和新承接的项目情况表

（七）近年发生的诉讼及仲裁情况

（八）企业其他信誉情况表

项目二　公装工程投标报价文件编制

附件二　工程量清单及总说明电子版

分部分项工程量清单

序号	项目编码	项目名称	项目特征描述	计量单位	工程数量	备注
	0203		音体活动室			
1	020302001001	天棚吊顶	1．吊顶形式：音体活动室吊顶，具体形式详见设计图纸4；2．龙骨类型、材料种类、规格、中距：8 mm 镀锌螺杆吊筋，U50系列轻钢龙骨，主龙间距900，副龙骨间距400 mm×600 mm，主龙骨厚1.0 mm，副龙骨0.5 mm；3．面层材料品种、规格、品牌、颜色：18 mm 厚细木工板（防火涂料三遍）打底面覆9.5 mm 厚纸面石膏板；4．叠级：木龙骨，18 mm 厚细木工板（防火涂料三遍）内衬面覆9.5 mm 厚纸面石膏板；5．其他说明：含开灯孔，含回光灯槽等所有费用；6．工程量按投影面积计算	m²	92.14	
2	020408001001	木窗帘盒	1．窗帘盒材质、规格、颜色：200 mm×200 mm 暗窗帘盒；2．材质：木龙骨18 mm 细木工板基层面覆9.5 mm 厚纸面石膏板面层；3．木基层防火漆涂料三遍	m	50.6	
3	020507001001	刷喷涂料	1．基层类型：纸面石膏板面（吊顶，含窗帘盒）；2．刮腻子要求：补钉眼及钉眼刷防锈漆处理，贴自粘胶带，202胶水白水泥腻子满批3遍；3．涂料品种、刷喷遍数：白色乳胶漆3遍后达到合格验收标准	m²	127.39	
4	020302002001	格栅吊顶	1．部位：音体活动室吊顶，具体形式详见设计图纸（4）；2．吊顶形式：网格吊顶；3．吊筋材料种类、规格、中距：Φ8镀锌螺杆吊筋间距800 mm×800 mm；4．面层材料：150 mm×150 mm 白色铝格栅（铝栅高50 mm 厚0.6 mm）；5．其他说明：本清单含弹簧吊钩等所有费用	m²	141.86	
5	020208001001	柱（梁）面装饰	1．部位：原天棚面混凝土梁面；2．材料品种、规格：木龙骨18 mm 细木工板内衬面覆9.5 mm 厚纸面石膏板；3．木基层防火涂料三遍	m²	124.82	
6	020507001002	刷喷涂料	1．基层类型：纸面石膏板面（梁面）；2．刮腻子要求：补钉眼及钉眼刷防锈漆处理，贴自粘胶带，202胶水白水泥腻子满批3遍；3．涂料品种、刷喷遍数：彩色乳胶漆3遍后达到合格验收标准	m²	124.82	

注：电子招标书中工程量清单为 jszb 格式，只有导入计价软件才能打开。（全部内容详见光盘）

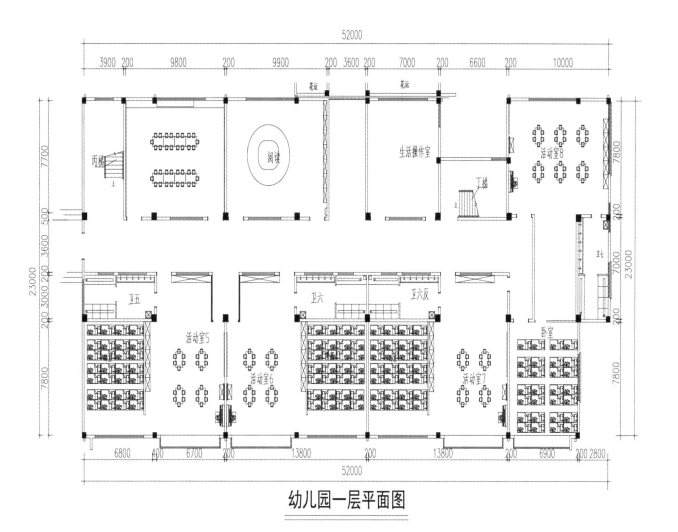

幼儿园一层平面图

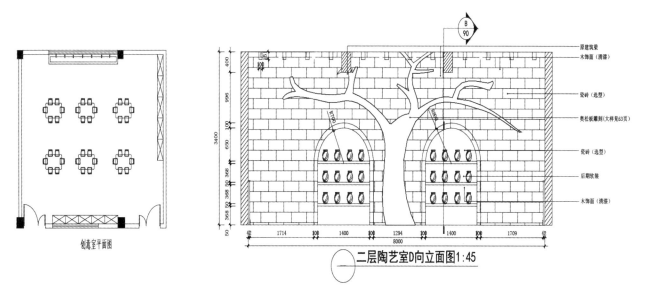

创意室平面图

二层陶艺室D向立面图1:45

原建筑梁
木饰面（清漆）
瓷砖（选型）
奥松板雕刻（大样见63页）
瓷砖（选型）
后置软装
木饰面（清漆）

总说明

1. 工程概况：本工程为宜兴××幼儿园装修工程。

2. 本工程招标范围：设计施工图纸及以下说明：

（1）原音体室、舞蹈室、音乐教室木地板已招，不计入本次招标范围。

（2）原门厅、走道地面已招，不计入本次招标范围。

（3）原墙面乳胶漆、墙砖墙裙已招，不计入本次招标范围。只考虑二次装修增加墙面造型、木饰面墙裙、木线条等及装修后出新。

（4）原天棚面乳胶漆已招，不计入本次招标范围。只考虑二次装修增加吊顶造型，及装修后出新。

（5）原门窗工程已招，不计入本次招标范围。只考虑二次装修隔断中增加的门。

（6）窗帘、成品家具（玩具柜、电视柜等）、装饰画等不计入本次招标范围。

（7）除阅读室大树造型、陶艺室茶壶造型等后期软装计入本次招标范围，其余后期软装不计入本次招标范围。

（8）活动室内卫生间装修已招，不计入本次招标范围，只考虑增加吊柜和成人洗手台。

（9）厨房装修已招，不计入本次招标范围。

（10）音体室中舞台桁架顶棚专业设计，不计入本次招标范围。

（11）装修范围按二层考虑（16间活动室、音体室、门厅、走道、5间专用教室）。

3. 工程量清单编制依据：

（1）建设工程工程量清单计价规范（GB 50500—2008）

（2）设计图纸

（3）招标文件

（4）相关技术规范及要求

（5）相关补充说明

4. 工程质量、材料、施工等的特殊要求：

（1）本工程质量要求：合格，现场安全文明施工：符合安全文明施工要求，具体详见招标文件和图纸要求。

（2）装饰面、木地板中含所有开孔费用，投标单位自行考虑在投标报价中。

（3）所有钢骨架均为镀锌，焊缝处红丹防锈漆二遍，银粉漆一遍。

（4）所有木龙骨采用优质东北白松方料，间距不得大于300 mm，无特殊要求断面均为30mm×40mm。

（5）所有涂料、胶水均应达到环保、防霉要求，符合检测标准。

（6）所有吊顶中含所有开孔，投标单位自行考虑开孔导致孔周围龙骨、吊筋等加强的费用。

（7）甲供材料的下料、二次搬运、切割、抛光、磨边等费用，投标单位自行考虑在投标报价中。

（8）所有板材均应达到绿色环保要求，符合生产技术标准。

（9）胶水使用无甲醛胶水，达到绿色环保要求，符合生产技术标准。

（10）所有吊顶标高如图纸与现场不符，必须由施工单位先报方案，由业主确认后再施工，无论吊顶高度的增减，综合单价均不做调整。

（11）所有石材六个面做有机硅防护剂，费用由投标单位自行考虑在投标报价中。

（12）墙面线槽、线盒、洞口等的修补及贴网格布由投标单位自行考虑在投标报价中。

（13）所有开孔位置及尺寸按安装工程各专业要求实施到位。

（14）做好安装工程中的各类收边等装饰工作。

（15）门槛板两侧地面有落差处均需磨边。

（16）一般办公用房的地面、墙裙、墙面、顶棚应便于清扫、冲洗、其阴阳角宜做成圆角。

（17）石材地面光面板成型后需镜面处理，石材清洗、裂缝修补、机械打磨、机械抛光、打蜡抛光、养护等费用由投标单位自行考虑在投标报价中。

（18）装饰材料的燃烧性能等级要求详见图纸设计说明。

（19）所有弧形部分的地台、窗台板、窗帘盒、吊顶等所增加的费用由投标单位自行考虑在投标报价中。

（20）所有木基层防火漆三遍。

（21）工程质量、材料、施工等均须符合设计图纸、招标文件及国家有关规定。

5. 为了保证工程质量，以下材料的品牌投标人应在下列招标人推荐的三个或三个以上同档次品牌产品中选择,并在投标文件相应承诺表中予以承诺。招标人在推荐品牌后列明型号系列的,承诺时也必须明确到型号系列。若投标人欲在招标人推荐品牌产品之外选择其他品牌产品的,则该品牌产品必须与招标人推荐的同档次或高于招标人推荐的档次,且必须在招标答疑截止时间前,通过网上答疑方式征得招标人的认可后才可填入相应承诺表。投标人必须按上述要求在相应承诺表中进行承诺,否则视为未响应招标文件的实质性要求。

(1)内墙乳胶漆:大宝永泰丽净味墙面漆、大孚金玉满堂环保内墙乳胶漆、汇丽宝净味墙面漆、虎皇环保工程涂料LT-2003。

(2)基层板:阆林(E1级)、兔宝宝(E1级)、莫干山、千年舟(E1级)、环球(E1级)。

(3)纸面石膏板:龙牌、可耐福、泰山、杰科、拉法基。

(4)执手锁:樱花、普鑫、飞球、雅洁、汇泰龙。

(5)聚氨酯色漆:上海古象、汇丽、光辉、晨光。

6. 以下材料甲供(政府采购),分部分项工程量清单施工项目中不包括甲供材料及其保管费。甲供材料在分部分项工程量清单中单列,投标人必须按清单(含总说明)中列明的指定价报价,不得更改,否则视为未实质性响应招标文件;甲供材料保管费在清单"专业工程措施项目"中以"甲供材料保管费"单列,投标人应充分考虑相关费用于该项目的投标报价中。

(1)复合木地板:120元/m²。

(2)100 mm高成品实木踢脚线(免漆板):12元/m。

7. 超高人工降效费由投标单位自行考虑在综合单价中,以后不得调整。

8. 脚手费、垂直运输、场内二次搬运费由投标单位自行考虑在投标报价中,结算时不作调整。

9. 承包人应考虑与其他单位的配合管理费,投标单位在综合单价中应慎重考虑该部分费用。

10. 本清单中每个项目的工作内容按《建设工程工程量清单计价规范》(GB 50500—2008)、《江苏省建设工程费用定额(2009)》的规定及本清单中的规定执行,计量时,本清单中有规定的按本清单规定执行,本清单中无规定的按清单计价规范及费用定额要求执行。投标人报价时必须充分考虑,结算时不做调整。

11. 其他需说明的问题:

(1)工程量清单及其计价格式中所有要求签字、盖章的地方,必须由规定的单位和人员签字、盖章。

(2)工程量清单及其计价格式中的任何内容不得随意删除或涂改。

(3)工程量清单计价格式中列明的所有需要填报的单价和合价,投标人均应填报,未填报的单价和合价,视为此项费用已包含在工程量清单的其他单价和合价中。

(4)金额(价格)均应以人民币表示。

(5)投标人可根据施工组织设计采取的方案相应增加措施项目。

(6)本清单说明投标时必须附在工程量清单报价单中。

附件三　施工图纸（全部内容详见课件）

附件四　评标办法

一、本工程采用单因素评标办法。（价格单因素）

二、评标活动应遵循公平、公正、科学和择优的原则。

三、评标委员会应独立评审，不得采取相互协商、暗示、询问他人等方式影响其他评委评分。

四、无效投标文件一律不予以评审。

五、单因素评标法对技术标部分只做符合性评审，商务标分值为 100 分。

六、对商务标的评分有最低价法、次低价法和平均价法三种办法。具体在开标时随机抽取确定其中的一种办法。

七、商务标评审按下列步骤进行：
（一）在清标过程中要重点比对不同商务标二级子目等内容，如发现存在不该出现雷同情况、改变工程量清单等情况被判定为废标的，不做详细评审。
（二）除因投标报价高于公布的招标控制价（最高限价）或各工程分部分项费用高于公布的最高限值或措施费低于最低限值等被废标的外，对投标报价进行评审，以判定投标人的报价是否低于成本。
（三）对经初评确认的有效投标报价按随机抽取确定的评分办法细评。

八、对投标报价进行初步评审，以判定投标人的报价是否低于成本，应当按照下列规定指标予以确定：
（一）分部分项工程费
当各分部分项工程费低于相应的分部分项工程费加权平均值（P_i）规定的限值时，应视为低于成本价。
$$P_i = A_i \times 40\% + B_i \times 60\% \times (100 - K_i)/100$$
其中：A_i 是符合规则的各分部分项工程费报价的算术平均值；

B_i 是各分部分项工程费的标底值；

K_i 是开标时现场随机抽取的对应于标底值的下浮率的点数（正整数）。

投标人各分部分项工程费报价低于对应的 P_i 规定的限值时（计算结果的小数点保留两位，四舍五入），该投标人的其他分部分项工程费报价仍纳入相应的其他分部分项工程费加权平均值的计算范围。

1. 人工费
（1）投标人人工费报价低于所有投标人人工费报价平均值 4% 时，该报价不列入人工费投标报价平均值 A_1 的计算范围。
（2）在上述评审基础上，计算出人工费投标报价算术平均值 A_1。
（3）以人工费标底总值 B_1 为基数，在开标现场随机抽取确定下浮率的点数 K_1（K_1 的抽取范围在 4 ~ 8 中随机抽取）。在此基础上，计算出人工费加权平均值 P_1。
$$P_1 = A_1 \times 40\% + B_1 \times 60\% \times (100 - K_1)/100$$
当投标人人工费报价相对于 P_1 下浮超过 4% 时，应视为低于成本价。

2. 材料费
（1）投标人材料费报价低于所有投标人材料费报价算术平均值的 3% 时，该报价不列入材料费投标报价算术平均值 A_2 的计算范围。
（2）在上述评审基础上，计算出材料投标报价算术平均值 A_2。
（3）以材料费标底总值 B_2 为基数，在开标现场随机抽取确定下浮率的点数 K_2（K_2 的抽取范围在 4 ~ 8 中随机抽取）。在此基础上，计算出材料费加权平均值 P_2。
$$P_2 = A_2 \times 40\% + B_2 \times 60\% \times (100 - K_2)/100$$
当投标人材料费报价相对于 P_2 下浮超过 4% 时，应视为低于成本价。

第三章　室内装饰工程预算编制实训

3. 机械费

（1）投标人机械费报价低于所有投标人机械费报价算术平均值的 8% 时，该报价不列入机械费投标报价算术平均值 A_3 的计算范围。

（2）在上述评审基础上，计算出机械费投标报价算术平均值 A_3。

（3）以机械费标底总值 B_3 为基数，在开标现场随机抽取确定下浮率的点数 K_3（K_3 的抽取范围在 14～18 中随机抽取）。在此基础上，计算出机械费加权平均值 P_3。

$$P_3 = A_3 \times 40\% + B_3 \times 60\% \times (100 - K_3)/100$$

当投标人机械费报价相对于 P_3 下浮超过 8% 时，应视为低于成本价。

4. 管理费

（1）投标人管理费报价低于所有投标人管理费报价算术平均值的 12% 时，该报价不列入管理费投标报价算术平均值 A_4 的计算范围。

（2）在上述评审基础上，计算出管理费投标报价算术平均值 A_4。

（3）以管理费标底总值 B_4 为基数，在开标现场随机抽取确定下浮率的点数 K_4（K_4 的抽取范围在 16～20 中随机抽取）。在此基础上，计算出管理费加权平均值 P_4。

$$P_4 = A_4 \times 40\% + B_4 \times 60\% \times (100 - K_4)/100$$

当投标人管理费报价相对于 P_4 下浮超过 10% 时，应视为低于成本价。

5. 利润

下限以利润标准等于零为限，但不得采用负利润投标报价。

当投标人的上述五项中的任一投标报价被视为低于成本价时，不得推荐为中标候选人。

（二）措施费

投标人措施费报价不得低于标底值的 70%，否则视为低于成本价。

除安全文明施工费等不可竞争费用外，原则上由投标人根据拟建工程特点、施工方案或施工组织设计，结合自身实际自行确定，但措施项目内容和数量应与技术标书施工组织设计的内容和数量相一致。当采用新方法、新工艺、新材料施工时，应当在投标文件中提供合理的施工方案、内容和数量等分析依据。

（三）不可竞争费、规费和税金

严格按有关规定计算，不得浮动。

九、对经初步评审确认的有效投标文件，按随机抽取确定的一种办法进行详细评审。

1. 平均价法

（1）评标基准价 = 所有有效投标报价的算术平均值 ×N%。其中：N 的取值范围为 97、98、99，在开标会现场当众随机抽取。

（2）报价等于评标基准价的得满分，比基准价每上浮或下浮 1% 均扣 1 分；不足 1% 的，按照插入法计算（分值保留二位小数）。

（3）计算错误 1 分（本项目为扣分项目）：投标文件出现需评标委员会修正的计算错误，每条扣 0.2 分，最多扣 1 分。

2. 最低价法

（1）所有有效投标报价中的最低报价得满分。其余报价与之相比每上浮 1% 扣 1 分。不足 1% 的，按照插入法计算（分值保留二位小数）。

（2）计算错误 1 分（本项目为扣分项目）：投标文件出现需评标委员会修正的计算错误，每条扣 0.2 分，最多扣 1 分。

3. 次低价法

（1）所有有效投标报价中的次低价得满分。其余报价与之相比每上浮或下浮 1% 均扣 1 分。不足 1% 的，按照插入法计算（分值保留二位小数）。

（2）计算错误 1 分（本项目为扣分项目）：投标文件出现需评标委员会修正的计算错误，每条扣 0.2 分，最多扣 1 分。

十、按照得分高低确定不超过 3 名有排序的合格中标候选人。经评标委员会评审得分最高的投标人为排序第一的合格中标候选人，如得分最高的投标人得分相同时，则投标报价低的投标人为排序第一的合格中标候选人，（次低价法除外，次低价法出现得分最高的投标人得分相同时，则投标报价次低的投标人为排序第一的合格中标候选人。）如投标报价也相同，则抽签确定中标人。

十一、招标人按招标文件规定的定标办法确定中标人，中标人放弃中标、因不可抗力提出不能履行合同，或者招标文件规定应当提交履约保证金而在规定时限内未能提交的,招标人可以确定排序第二的中标候选人为中标人,依此类推。

十二、本办法未尽事宜,由评标委员会依据有关法规研究解决。

十三、本办法由宜兴市招投标监管部门负责解释。

3. 知识点

1)装饰工程预算定额

建筑装饰工程预算定额就是在一定的施工技术与建筑艺术的综合条件下,为生产该项质量合格的装饰工程产品,消耗在单位装饰工程基本构造要素上的人工、材料和机械台班的数量标准与费用额度。这里所说的基本构造要素,就是通常所说的分项装饰工程或结构构件。

建筑装饰工程预算定额是建筑工程预算定额的组成部分。它涉及装饰装修技术、建筑艺术创作,也与装饰施工企业的内部管理,以及装饰工程造价的确定有密切的关系。其作用如下:

a. 装饰工程预算定额是编制装饰工程施工图预算、确定和控制装饰工程造价的基础;

b. 装饰工程预算定额是确定装饰工程招标控制价和投标报价的基础;

c. 装饰工程预算定额是编制装饰工程施工组织设计、进度计划的依据;

d. 装饰工程预算定额是装饰工程施工企业进行工程结算、经济分析的基础。

要正确利用装饰工程预算定额,必须全面了解它的组成内容。为了快速、准确地确定各分项工程的人工、材料和机械台班等消耗指标及费用标准,需要将建筑装饰工程预算定额项目按一定的顺序,分章、节、项和子目汇编成册,取为"装饰工程预算定额手册"或类似名称。(表 3-2-1)

表 3-2-1 建筑装饰工程预算定额主要内容

建筑装饰工程预算定额	预算定额总说明	
	分部工程及其说明	
	定额项目表	说明
		工程量计算规则
		分项工程定额表
	定额附录	

可以看出,建筑装饰工程预算定额的主要内容是分项工程定额表。以现行的《江苏省建筑与装饰工程计价表》(2003 年)为例,共分上、下两册,一共 1000 页左右的 A4 页面,分项工程定额表占去 80% 以上,其他是一些具体的文字说明,这足可以证明定额的科学严谨性、实践性及令性。

建筑与装饰工程计价表内容虽然较多,然而,前十一章为建筑工程的内容,装饰工程定额项目表主要集中于下册,对于室内设计专业来说,能够熟练应用其下册便足够了。现行的《江苏省建筑与装饰工程计价表》(2003 年)的主要内容见表 3-2-2。

表 3-2-2 《江苏省建筑与装饰工程计价表》（2003年）的主要内容

章节	分部工程名称	备注	章节	分部工程名称	备注
	总说明		第十二章	楼地面工程	
	建筑面积计算规则		第十三章	墙柱面工程	
	江苏省建筑与装饰工程费用计算规则		第十四章	天棚工程	
第一章	土、石方工程		第十五章	门窗工程	装饰工程
第二章	打桩及基础垫层		第十六章	油漆、涂料、裱糊工程	
第三章	砌筑工程		第十七章	其他零星工程	
第四章	钢筋工程		第十八章	建筑物超过增加费用	
第五章	混凝土工程		第十九章	脚手架	
第六章	金属结构工程	土建工程	第二十章	模板工程	
第七章	构件运输及安装工程		第廿一章	施工排水、降水、深基坑支护	
第八章	木结构工程		第廿二章	建筑工程垂直运输	
第九章	屋、平、立面防水及保温隔热工程		第廿三章	场内二次搬运	
第十章	防腐耐酸工程		第廿四章	施工机械台班费	
第十一章	厂区道路及排水工程				

预算定额总说明的内容

a. 该预算定额的适用范围、指导思想及目的、作用；

b. 该预算定额的编制原则、主要依据等；

c. 使用本定额必须遵守的规则、材质标准、允许换算的原则；

d. 该预算定额的编制过程中已考虑的未考虑的因素及未包括的内容。

2）定额项目表的内容

定额项目表由分项工程定额组成，它是预算定额的主要组成部分，包括以下内容：

① 分项工程定额编号（子目号）。为了便于查阅、核对和审查定额项目选套是否准确合理，提高建筑装饰工程施工图预算的编制质量，在进行建筑装饰施工图预算时，必须填写定额编号。同时，在应用装饰预算软件时，还能大量节省预算编制时间。定额编号的方法，通常为"二符号"编号法，即采用定额中分部工程序号加子项目序号两个号码进行定额编号的方法。

其表达形式如下：

分部工程序号 - 子项目序号

例如,《江苏省建筑与装饰工程计价表》(2003年)中,600×600水泥砂浆楼地面工程,属于地面装饰工程项目,在定额中是第十二章的内容,600×600水泥砂浆楼地面工程在第十二章排在第94个子项目,则其定额编号为12-94,对应其综合单价为414.98元/(10m²)。

② 分项工程定额名称。

③ 预算价格(基价),一般包括从工费、材料费、机械费、管理费和利润。

④ 人工表现形式,包括工种、工日数量。

⑤ 材料表现形式,材料栏内一般有主要材料名称及消耗数量,次要材料一般都归为其他材料形式,用金额"元"表示。

⑥ 施工机械表示形式。

⑦ 预算定额的单价,包括工资、材料和机械台班单价。这部分是预算定额的核心内容。以《江苏省建筑与装饰工程计价表》(2003年)地砖一项工程的预算定额为例,见表3-2-3。

如表3-2-3所示,定额编号为12-94的分项工程名称为,水泥砂浆粘贴600×600地砖楼地面,其预算价格为414.98元/(10m²),其中包括人工费、材料费、机械使用费、管理费和利润。其中,人工费的工种为一类工,数量为3.53工日;材料费主要由29块600×600的同质地砖、0.051 m³的1:2水泥砂浆、0.202 m³ 1:3水泥砂浆、0.01 m³素水泥浆、1kg白水泥、0.10 kg棉纱头、0.06 m³锯(木)屑、0.025片合金钢切割锯片和0.26 m³的水等主材组成,次要材料费为3.60元/(10m²);施工机械费由于消耗很小,以固定值2.27元/(10m²)给出;管理费和利润分别为人工费与机械费的和的25%和12%算出。另外,一类工和各主要材料的单价均已给出,根据公式:数量 × 单价 = 合价,可以算出人工费、材料费或者其中任一材料的费用。

3)预额附录(或附表)的内容

组成预算定额的最后一部分是附录,是配合定额使用不可缺少的重要组成部分。一般包括以下内容:

① 各种不同标号、不同体积比的砂浆、装饰油漆等多种原材料组成的配合比材料用量表;

② 各种材料成品或半成品操作损耗系数表;

③ 常用的建筑材料名称及规格换算表;

④ 材料、机械综合取费价格表。

表3-2-3   地砖   计量单位:10m²

定额编号			12-94		12-95		12-96		12-97	
项目	单位	单价	楼地面							
			600×600				800×800			
			水泥沙浆		干粉型黏结剂		水泥沙浆		干粉型黏结剂	
			数量	合价	数量	合价	数量	合价	数量	合价
综合单价	元		414.98		470.10		395.05		450.17	
其中 人工费	元		98.84		105.28		102.76		109.20	
材料费	元		276.46		322.75		251.16		297.45	
机械费	元		2.27		2.27		2.27		2.27	
管理费	元		25.28		26.89		26.26		27.87	
利润	元		12.13		12.91		12.60		13.38	

续表

定额编号				12-94		12-95		12-96		12-97	
项目		单位	单价	楼地面							
				600×600				800×800			
				水泥沙浆		干粉型黏结剂		水泥沙浆		干粉型黏结剂	
				数量	合价	数量	合价	数量	合价	数量	合价
一类工		工日	28.00	3.53	98.84	3.76	105.28	3.67	102.76	3.90	109.20
材料 204056	同质地砖 600×600	块	7.52	29.00	218.08	29.00	218.08				
204057	同质地砖 800×800	块	11.34					17.00	192.78	17.00	192.78
013003	水泥砂浆 1：2	m³	212.43	0.051	10.83			0.051	10.83		
013005	水泥砂浆 1：3	m³	176.30	0.202	35.61	0.202	35.61	0.202	35.61	0.202	35.61
609042	干粉型黏结剂	kg	1.52			40.00	60.80			40.00	60.80
013075	素水泥浆	m³	426.22	0.01	4.26			0.01	4.26		
301002	白水泥	kg	0.58	1.00	0.58	2.00	1.16	1.00	0.58	2.00	1.16
608110	棉纱头	kg	6.00	0.10	0.60	0.10	0.60	0.10	0.60	0.10	0.60
407007	锯（木）屑	m³	10.45	0.06	0.63	0.06	0.63	0.06	0.63	0.06	0.63
510165	合金钢切割锯片	片	61.75	0.025	1.54	0.025	1.54	0.025	1.54	0.025	1.54
613206	水	m³	2.80	0.26	0.73	0.26	0.73	0.26	0.73	0.26	0.73
	其他材料费	元			3.60		3.60		3.60		3.60
机械 06016	灰浆拌和机 200L	台班	51.43	0.017	0.87	0.017	0.87	0.017	0.87	0.017	0.87
13090	石料切割机	台班	14.04	0.10	1.40	0.10	1.40	0.10	1.40	0.10	1.40

注：① 工作内容：清理基层、锯板磨细、贴地砖、擦缝、清理净面、调制水泥沙浆、刷素水泥沙浆、调制黏结剂。

② 当地面遇到弧形墙面时，其弧形部分的地砖损耗可按实调整，并按弧形图示尺寸每 10 m 增加切贴人工 0.3 工日。

③ 地砖规格不同按设计用量加 2% 损耗进行调整。

④ 镜面同质地砖执行本定额。

⑤ 地砖结合层若用干硬性水泥砂浆，取消子目中 1:2 及 1:3 水泥砂浆，另增 32.5 水泥 45.97 kg，干硬性水泥砂浆 0.303 m³。

4）费用计算规则及计算标准

a. 包工包料工程调整为以下标准：建筑、安装、市政工程：一类工 40.00 元 / 工日，二类工 37.00 元 / 工日，三类工 34.00 元 / 工日；单独装饰工程：45.00 ~ 58.00 元 / 工日。

b. 包工不包料工程调整为以下标准：48.00 元 / 工日。

其中：单独装饰工程 57.00 ~ 72.00 元 / 工日。

建筑工程管理费和利润计算标准：建筑工程计价表中的管理费是以三类工程的标准列入子目，其计算基础为人工费加机械费。利润不分工程类别按表中规定计算。见表 3-2-4。

表 3-2-4　　　　　　　　　　　建筑工程管理费、利润取费标准表

工程名称	计算基础	管理费费率 /%			利润费率 /%
		一类工程	二类工程	三类工程	
建筑工程	人工费 + 机械费	35	30	25	12

单独装饰工程管理费、利润取费标准：装饰工程的管理费按装饰施工企业的资质等级划分计取，其计算基础为人工费加机械费。利润不分企业资质等级按表 3-2-5 规定计算。

表 3-2-5　　　　　　　　　　　单独装饰工程管理费、利润取费标准表

工程名称	计算基础	管理费费率 /%			利润费率 /%
		一类工程	二类工程	三类工程	
单独装饰工程	人工费 + 机械费	56	48	40	12

5）装饰工程预算定额的应用

① 定额的应用方法

a. 定额的直接套用：当施工图设计的工程项目内容，与所选套的相应定额内容一致时，必须按定额的规定直接套用定额。在编制建筑装饰工程施工图预算、选套定额项目和确定分部分项工程费时，大多属于这种情况。

直接套用定额项目的步骤如下：

步1 根据施工图设计的工程项目内容，从定额目录中，查出该工程项目所在定额中的位置。

步2 判断施工图设计的工程项目内容与定额规定的内容是否一致。当完全一致，或者虽然不一致，但定额规定不允许换算或调整时，即可直接套用定额综合单价。在套用定额综合单价前，必须注意分项工程的名称、规格、计量单位要与定额规定的相一致。

步3 将定额编号和综合单价，包括人工费、材料费、机械使用费、管理费和利润等，分别填入建筑装饰工程预算表内。当应用软件编制计价资料时，只需输入定额编号，其所有内容就自动跳出，在给定工程量的情况下，还能够自动进行合价的计算。

b. 定额的换算

如果施工图设计的工程项目内容没有完全对应的定额项目，即不能直接套用定额时，就需要换算，即选用与工程内容最相接近的定额项目，套用时经过

部分换算即可。定额的换算一般分为价格换算、材料换算和系数换算。

价格换算：预算定额虽然已经给出了单位工程的数量额度和费用标准，但是由于定额的相对稳定性，在定额中，人工、材料和机械使用费的单价是在某一时间段内给定的预算价，实际价格随着市场情况在变化，这样实际单价与定额预算价出现了价差，导致预算工程造价与实际工程造价会出现差额，直接影响到业主与承包商的经济利益，所以，为了准确计算出工程造价，要根据市场行情，采用当时当地人工单价、各种材料单价和机械台班单价，结合定额的数量标准，重新分析各分部分项工程的综合单价。一般分为人工单价换算、材料单价换算和机械台班单价换算，实际预算中，以上三种单价的换算往往同时用到。

材料换算法：性质相似、材料大致相同、施工方法又很接近的定额项目，可以采用材料换算法进行计算。

系数换算法：性质相似、材料大致相同、施工方法又很接近的定额项目，也采用一定系数进行计算。应用此种方法时应注意，要在施工实践中加以观察和测定，同时也为今后新编定额、补充定额项目做准备。

c. 套用补充定额项目

补充定额项目的出现是由定额的相对稳定性决定。在实际施工图纸设计的某些工程项目中，经常会出现新材料、新工艺、新结构、新构造等，在编制预算定额

时尚未考虑和列入，而且也没有类似定额项目可供借鉴，为了保证建筑装饰工程设计与施工质量，确定合理的建筑装饰工程造价，在此情况下，必须编制补充定额项目，报请工程造价管理部门审批同意后方可执行。套用补充定额时，应在定额编号的分部工程序号旁边注明"补"字，如"省补14-3"等。

② 套用定额时应注意的几个问题

a. 查阅定额前，要认真阅读定额总说明、分部工程说明以及有关附注的内容，熟悉和掌握有关定额的适用范围、定额已考虑和未考虑的因素以及有关规定。

b. 认真阅读定额各章说明及有关附录附表的相关内容，透彻理解各章定额子目的具体适用条件及相关配套使用的规定，要理解定额中的用语以及符号的含义。

c. 浏览各章定额子目，建立定额项目划分及计量单位的初步认识和框架；认真阅读定额子目的工作内容，将工作内容与定额子目密切联系起来。通过使用定额子目和阅读定额子目中人工消耗量、材料消耗量和机械台班消耗量的相关信息，从而进一步加深理解各定额子目的关系，在熟悉施工图的基础上，准确、迅速地计算出每个子目的合价。

d. 要熟练掌握各分项工程的工程量计算规则。在掌握工程量计算规则及进行工程量计算时，只有熟悉定额子目及所包括的工作内容，才能使工程量计算在合理划分项目的前提下进行，保证工程量计算与定额子目相对应，做到不重算、不漏算。

e. 要明确定额换算范围，正确应用定额附录资料，熟练地进行定额项目的换算与调整。

6）装饰工程工程量清单报价文件编制

建筑装饰工程量清单报价文件编制，同园林景观工程量清单报价文件编制程序和方法相同，所不同的是套用定额和取费标准。而且，相对于园林景观工程，室内装饰工程项目繁多，工程量比较琐碎，计算起来需要更加严谨细心。

7）工程招标与投标

招投标制度历史悠久，在国际市场上已经实行了200多年。我国建筑业的承包制走过了漫长的成长过程。目前，中国的招标投标制度已经和国际接轨。

招标投标是一种特殊的市场交易方式，是采购人事先提出货物工程或服务采购的条件和要求，邀请众多投标人参加投标并按照规定程序从中选择交易对象的一种市场交易行为。也就是说，它是由招标人或招标人委托的招标代理机构通过媒体公开发布招标公告或投标邀请函，发布招标采购的信息与要求，邀请潜在的投标人参加平等竞争，然后按照规定的程序和方法，通过对投标竞争者的报价、质量、工期（或交货期）和技术水平等因素，进行科学的比较和综合的分析，从中择优选定中标者，并与其签订合同，以实现节约投资、保证质量和优化配置资源的一种特殊交易方式。

① 工程招标

所谓工程招标，是指招标人就拟建工程发布公告，以法定方式吸引承包单位自愿参加竞争，从中择优选定承包方的法律行为。通常的做法是，招标人（或业主）将自己的意图、目的、投资限额和各项技术经济要求，以各种公开方式，邀请有合法资格的承包单位，利用投标竞争，达到"货比三家"、"优中选优"的目的。实质上，招标就是通过建筑产品卖方市场由买主（业主）择优选取承包单位（企业）的一种商品购买行为。

a. 工程招标的程序

按照招标人和投标人的参与程度，可将招标过程粗略划分成招标准备阶段和决标成交阶段。工程招投标基本流程如图3-2-1所示。

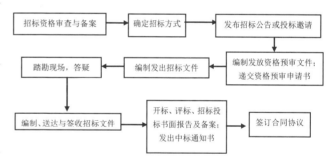

图3-2-1 工程招投标基本流程图

在中国，依法必须进行施工招标的工程，一般应遵循下列程序：

步1 招标单位自行办理招标事宜的，应建立专门的招标工作机构。该机构具有编制招标文件和组织招标会议和组织评标的能力，有与工程规模、复杂程度相适应并具有同类工程招标经验、熟悉有关工程招标法律的工程技术、概预算及工程管理的专业人员。不具备这些条件，应当委托具有相当资格的工程招标代理机构代理招标。

步2 招标单位在发布招标公告或发出投标邀请书的5

日前，向工程所在地县级市以上地方人民政府建设行政主管部门备案，并报送下列材料：

* 按照国家有关规定办理审批手续的各项批准文件；

* 前条所写包括专业技术人员的名单、职称证书或者执业资格证书及其工作经历等的证明材料；

* 法律、法规、规章规定的其他材料。

步3 准备招标文件和标底，报建设行政主管部门审核或备案。

步4 发布招标公告或发出投标邀请书。

步5 投标单位申请投标。

步6 招标单位审查申请投标单位的资格，并将审查结果通知申请投标单位。

步7 向合格的投标单位分发招标文件。

步8 组织投标单位踏勘现场，召开答疑会，解答投标单位就招标文件提出的问题。

步9 组建评标组织，制定评标、定标方法。

步10 召开开标会，当场开标。

步11 组织评标，决定中标单位。

步12 发出中标和未中标通知书，收回发给未中标单位的图纸和技术资料，退还投标保证金或保函。

步13 招标单位与中标单位签订施工承包合同。

b. 工程招标的主要方式

公开招标：公开招标，是指招标人以招标公告的方式邀请不特定的法人或其他组织投标。招标人通过公开的媒体发布招标公告，使所有的符合条件的潜在投标人可以有机会参加投标竞争，招标人从中择优确定中标人的招标方式。

公开招标的特点：一是投标人在数量上没有限制，具有广泛的竞争性；二是采用招标公告的方式，向社会公众明示其招标要求，从而保证招标的公开性。

邀请招标：邀请招标，是指招标人以招标邀请书的方式邀请特定的法人或者其他组织投标。招标人预先确定一定数量的符合招标项目基本要求的潜在投标人并向其发出投标邀请书，被邀请的潜在投标人参加竞争，招标人从中择优确定中标人的招标方式。

邀请招标的特点：一是招标人邀请参加投标的法人或者其他组织在数量上是确定的。根据《招投标法》第17条规定，采用邀请招标方式的招标人应当向3个以上的潜在投标人发出投标邀请书；二是邀请招标的招标人要以投标邀请书的方式向一定数量的潜在投标人发出投标邀请，只有接受投标邀请的法人或者其他组织才可以参加投标竞争，其他法人或者组织无权参加投标。

议标：议标又称"谈判招标"，是指招标人直接选定某个工程承包人，通过与其谈判，商定工程价款，签订工程承包合同。由于工程承包人的身份在谈判之前一般就已确定，不存在投标竞争对手，没有竞争，故称之为"非竞争性招标"。

市场经济下建设工程招投标的本质特点是"竞争"，而议标方式并不体现"竞争"这一招标投标的本质特点，因此，这种方式并非严格意义上的招标方式，其实只是一种谈判合同，是一般意义上的建设工程发包方式。因此，我国现行法规没有将议标作为招标的方式。

② 工程投标

所谓投标，是指响应招标、参与投标竞争的法人或者其他组织，按照招标公告或邀请函的要求制作并递送标书，履行相关手续，争取中标的过程。是指投标人（或企业）利用报价的经济手段销售自己商品的交易行为。在工程建设项目的投标中，凡有合格资格和能力并愿按招标的意图、愿望和要求条件承担任务的施工企业（承包单位），经过对市场的广泛调查，掌握各种信息后，结合企业自身能力，掌握好价格、工期、质量的关键因素，在指定的期限内填写标书、提出报价，向招标者致函，请求承包该项工程。投标人在中标后，也可按规定条件对部分工程进行二次招标，即分包转让。

a. 工程投标的程序

投标既是一项严肃认真的工作，又是一项决策工作，必须按照当地规定的程序和做法，满足招标文件的各项要求，遵守有关法律的规定，在规定的招标时间内进行公平、公正的竞争。为了获得投标的成功，投标必须按照一定的程序进行，才能保证投标的公正合理性与中标的可能性。目前，我国国内工程投标程序各地基本相同，如图3-2-2所示。图中列出了投标工作的程序及其各个步骤。

b. 资格预审

资格预审（Prequalification）是在招标阶段对申请投标人的第一次筛选，其目的是审查投标人的企业总体能力是否满足招标工程的要求，确保所收到的投标书均来自业主所确信的有必要资源和经验的能圆满完成拟建工程的承包商。

资格预审阶段包括资格预审文件的编制、资格预审文

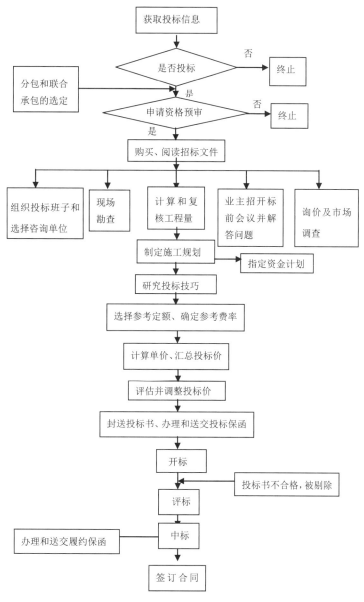

图 3-2-2　投标程序

件的提交、资格预审申请书的分析评估、选择投标人、通知申请人。资格预审主要是通过表格和信用证明的方法，采用定性比较来选择合乎要求的投标人。一般情况下通过资格预审的单位不应低于五家。

c. 投标报价

投标报价是承包商采取投标方式承揽工程项目时，计算和确定承包该工程的投标总价格的过程。报价是工程投标的核心，是招标人选择中标者的主要依据，也是业主和投标人进行合同谈判的基础。投标报价是影响投标人投标成败的关键，因此正确合理的计算和确定投标报价非常重要。

③ 开标、评标与定标

开标和评标是招投标工作的决策阶段，是一项非常关键而又细微的综合工作。包括开标、评审投标书、包含有偏差的投标书的认定、对投标书的裁定、废标的确定等，其目的是对投标人的投标进行比较，选定最优的投标人。

a. 开标

开标是招标人在招标文件规定的时间、地点，在招标投标管理机构监督下，由招标单位主持，当众启封所有投标文件及补充函件，公布投标文件的主要内容和审定的标底（如果有标底的话）的过程。

开标的时间地点：开标应在招标文件确定的投标截止时间的同一时间公开进行；开标地点应在招标文件中预先确定。若变更开标日期和地点，应提前通知投标企业和有关单位。

开标的参加人员：开标由招标人或招标代理机构主持，邀请评标委员会成员、投标人代表、公证部门代表和有关单位代表参加。招标人要首先以各种有效的方式通知投标人参加开标，不得以任何理由拒绝任何一个投标人代表参加开标。

不平衡报价法：为适应工程量清单报价，投标人对内还需进行单价的合理分析与确定，以确保报价的整体竞争力。在总价无多大出入时，哪些单价定高，哪些单价定低，是有一定的技巧的，通常称为不平衡报价。

所谓不平衡报价是相对于常规的平衡报价而言的，是在总的报价保持不变的前提下，与正常水平相比，提高某些分项工程的单价，同时，降低另外一些分项工程的单价，以期望在工程结算时得到更理想的经济效益。很显然，不平衡报价法只适用于单价合同，特点是承包商争取做到"早收钱，多收钱"，尽量创造最佳经济效益。

表 3-2-6　　　　　　　　　　常用的不平衡报价法

序号	信息类型	变动趋势	不平衡结果
1	资金收入的时间	早 晚	单价高 单价低
2	清单工程量不准确	增加 减少	单价高 单价低
3	报价图纸不明确	增加工程量 减少工程量	单价高 单价低
4	暂定工程	自己承包的可能性高 自己承包的可能性低	单价高 单价低
5	单价和包干混合制项目	固定包干价格项目 单价项目	单价高 单价低
6	单价组成分析表	人工费和机械费 材料费	单价高 单价低
7	议标时招标人要求压低单价	工程量大的项目 工程量小的项目	单价小幅度降低 单价大幅度降低
8	工程量不明确的单价项目	没有工程量 有假定的工程量	单价高 单价低

不平衡报价也有风险，这要看承包商的判断和决策是否准确。即便判断正确，业主也可以想办法，靠发变更令减少施工时的工程数量，甚至强行改变或取消原有设计。这就需要承包商具备一定的运作经验和技巧，必须对具体情况做出充分调研分析后才可以形成决策，以制造足够的空间去应对业主。

案例 1　不平衡报价之早收钱

某承包商参与某高层写字楼装饰工程的投标，为了既不影响投标，又能在中标后取得较好的收益，决定采用不平衡报价法对原预算做出适当调整，相关数据如表 3-2-7 所示，表面上看工程总价没有变，但是考虑资金的时间价值，显然，调整后的工程总价要高一些。

表 3-2-7 不平衡报价前后数据的分析 单位：万元

	楼地面工程	墙柱面工程	天棚工程	油漆涂料工程	总价
调整前（编制价格）	440	680	780	425	2325
调整后（正式报价）	590	745	630	360	2325

多方案报价法：这是利用工程说明书或合同条款不够明确之处，以争取达到修改工程说明书和合同为目的的一种报价方法。当工程说明书或合同条款有某些不够明确之处时，往往使承包商要承担很大风险，为了减少风险就须扩大工程单价，增加"不可预见费"，但这样又会因报价过高而增加被淘汰的可能性。多方案报价法就是为对付这种两难局面而出现的。

具体做法是在标书上报两个单价，一是按原工程说明书和合同款报一个价；二是加以注解："如工程说明书或合同款可作某些改变时"，则可降低多少的费用，以吸引业主。或是对某部分工程提出按"成本补偿合同"的方式处理，其余部分包一个总价。这时投标者应组织有经验的技术专家，对原招标文件的设计和施工方案仔细研究，提出更理想的方案，这种新的建议可以降低工程总造价或提前竣工或使工程运用更合理。

增加建议方案：有时招标文件中规定，可以提出建议方案（Alternatives），即可以修改原设计方案，提出投标者的方案。投标者这时应组织一批有经验的设计和施工人员，对招标文件的设计和施工方案仔细研究，提出更合理的方案以吸引业主，促成自己的方案中标。这种新的建议方案可以降低总造价或提前竣工或使工程运用更合理。但要注意的是对原招标方案一定要标价，以供业主比较。

增加建议方案时，不要将方案写得太具体，保留方案的技术关键，防止业主将此方案交给其他承包商，同时要强调的是，建议的方案一定要比较成熟，或过去有过这方面的实践经验。因为投标时间不长，如果仅为中标而匆忙提出一些没有把握的建议方案，可能会引起很多后患。

突然降价法：又称作突然袭击法，这是一种迷惑对手的竞争手段。报价是一件保密工作，但竞争对手之间往往通过各种渠道来刺探情报，很难做到绝对保密，所以可在报价时采用迷惑对手的手法。即先按一般情况报价或表现出自己对该工程兴趣不大，快到投标截止时间时，突然降价。

采用此法时，一定要在准备投标报价的过程中考虑好降价的幅度，在临近投标截止日期前，根据情报信息与分析判断，再做最后决策。

扩大标价法：这是一种常用的投标方法，即除了按正常的已知条件编制标价以外，对工程变化较大或没有把握的工作，采用扩大标价，增加"不可预见费"的方法来减少风险。称为"固定标价法"。不过，这种投标方法又往往因为标价过高易被淘汰。当然，承包企业如可以利用施工索赔方法，使自己在施工过程中得到非自身原因造成的合同价款以外的补偿，招标单位就可得到一个相对较低的报价。

类似的投标方法还有很多，要根据实际情况，制定灵活的对策，才能取得较好的效果。

开标的工作内容：开标会的主要工作内容包括：宣读无效标和弃权标的规定；核查投标人提交的各种证件、资料；检查标书密封情况并唱标；公布评标原则和评标办法等。

b. 评标

开标之后，就要进入秘密的评标阶段了。评标是对各标书的优劣进行比较，以便最终确定中标人。评标工作由评标委员会负责。评标的过程通常要经过：投标文件的符合型鉴定、技术评审、商务评审、投标文件澄清与答辩、综合评审、资格后审等几个步骤。

在工程建设项目招标投标中，对评标方法的选择和确定，是非常重要的问题。既要充分考虑到科学合理、公平公正，又要考虑到具体的招标项目的具体情况、不同特点和招标人的合理意愿。实践中，经常使用的评标方法主要有单项评议法和综合评估法。

④ 投标报价的技巧

我国《招标投标法》中规定选择中标人的标准有两种：

a. 能够最大限度地满足招标文件中规定的各项综合评价标准；

b. 能够满足招标文件的实质性要求，经评审的投标价格最低。但是投标价格低于成本的除外。

在实际操作中，常用的评标方法有综合评分法，低标价法，两段三审评标法等。不管何种评标方法，在考虑质量、工期、社会信誉等之后，标价依然是招标人评价和选择的基础。

所以，报价是中标的关键。工程投标报价的确定是一项策略性、技术性、专业性和艺术性都很强的一项工作。报价技巧与报价策略意图是相辅相成，互相渗透的，运用得当，不仅投标报价可使业主接受，而且中标后能获得更多的利润。实际操作中，要根据实际情况，制订灵活的对策，才能取得较好的效果。

思考与练习

一、单选题

1. 已知某装饰工程直接工程费为500万元,其中人工、材料、机械之比为3:5:2,措施费为120万元,其中人工、材料、机械之比为4:4:2,若该类工程以人工费为计算基础的间接费费率为80%,则该装饰工程的间接费为（　　）万元。
   A. 158.4　　　　　　　B. 426.7
   C. 377.6　　　　　　　D. 480.0

2. 工人在夜间施工导致的施工降效费用应属于（　　）。
   A. 直接工程费　　　　B. 措施费
   C. 规费　　　　　　　D. 企业管理费

3. 关于企业管理费说法错误的是（　　）。
   A. 可根据企业自身的情况调整取费费率
   B. 包括差旅交通费
   C. 不包括企业管理人员的养老保险和医疗保险
   D. 不包括施工现场管理人员的工资

4. 根据我国现行的工程量清单规范规定，单价采用的是（　　）。
   A. 人工费单价　　　　B. 工料单价

C. 全费用单价　　　　D. 综合单价

5. 下列不是不可竞争费的是（　　）。
   A. 安全文明施工费　　B. 税金
   C. 直接工程费　　　　D. 规费

6. 工程计价表的核心内容是（　　）。
   A. 预算定额总说明　　B. 定额项目表
   C. 分项工程及其说明　D. 定额附录

7. 假梁乳胶漆喷涂工程属于（　　）。
   A. 墙柱面工程　　　　B. 天棚工程
   C. 其他零星工程　　　D. 油漆、涂料、裱糊工程

8. 装饰工程利润的计算基数为（　　）。
   A. 人工费 + 机械费
   B. 人工费 + 机械费 + 材料费
   C. 人工费 + 材料费　　D. 人工费

9. 下列内容中不属于措施项目中通用项目的是（　　）。
   A. 夜间施工增加费　　B. 二次搬运
   C. 现场施工围栏　　　D. 脚手架

10. 装饰工程经常发生的措施费用中不包括（　　）。
    A. 脚手架费　　　　　B. 已完工程及设备保护
    C. 施工排水、降水　　D. 室内空气污染测试

二、多选题

1. 凡是建设工程招标投标实行工程量清单计价，不论招标主体是政府机构、国有企事业单位、集体单位、私人企业和外商投资企业，也就是资金来源于（　　）等都应遵守工程量清单计价规范。
   A. 集体资金
   B. 外国政府贷款及援助资金
   C. 国有资金　　　　　D. 合股资金
   E. 私人资金

2. 在施工图预算的编制过程中，准备工作阶段的工作内容主要有（　　）。
   A. 熟悉图纸和预算定额　B. 编制工料分析表
   C. 组织准备　　　　　　D. 资料收集
   E. 现场情况的调查

3. 招标人对投标人必须进行的审查有（　　）。
   A. 资质条件　　　　　B. 业绩
   C. 信誉　　　　　　　D. 技术
   E. 资金等

4. 评标活动应遵循的原则是（　　）
   A. 公开　　　　　　　B. 公正
   C. 低价　　　　　　　D. 科学
   E. 择优

5. 下列论述不正确的有（   ）。

　　A. 无效投标文件一律不予以评审

　　B. 投标文件要提供电子光盘

　　C. 投标人的投标报价不得高于招标控制价（最高限价）

　　D. 中标人在收到中标通知书后，如有特殊理由可以拒签合同协议书

　　E. 逾期送达的或者未送达指定地点的投标文件，招标人可视情况认定其是否有效

6. 工程量清单应采用统一格式。由封面、（   ）、（   ）、分部分项工程量清单、措施项目清单、其他项目清单、零星项目清单、（   ）组成。

　　A. 填表须知　　　　　B. 总说明

　　C. 甲供材料表　　　　D. 综合费用计算表

　　E. 分部分项工程量清单综合单价分析表

7. 直接工程费是指施工过程中耗费的构成工程实体的各项费用，包括（   ）。

　　A. 企业管理费　　　　B. 人工费

　　C. 措施费　　　　　　D. 材料费

　　E. 施工机械使用费

8. 常用投标报价技巧有：（   ）。

　　A. 不平衡报价法　　　B. 多方案报价法

　　C. 突然降价法　　　　D. 低价中标法

　　E. 精减工程量法

9. 下列费用中属于材料费的有（   ）。

　　A. 材料二次搬运费　　B. 材料原价

　　C. 材料运杂费　　　　D. 供电贴费

　　E. 检验试验费

10. 规费是指政府和有关权力部门规定必须缴纳的费用。下面费用中（   ）属于规费的项目。

　　A. 税金

　　B. 危险作业意外伤害保险

　　C. 工程排污费

　　D. 住房公积金　　　　E. 工会经费

三、计算题

1. 某室内大厅大理石楼面由装饰一级企业施工，做法：20厚1:3水泥砂浆找平，8厚1:1水泥砂浆粘贴大理石面层。人工60元/工日，白色大理石580元/m²，黑色大理石470元/m²，红色大理石700元/m²（图案由规格500 mm×500 mm石材做成，见图3-2-3）。

1）按照计价表有关规定列项计算工程量（见表3-2-8）；

2）按照清单计价规范要求计算分部分项工程费（见表3-2-9）和工程造价（见表3-2-10）。

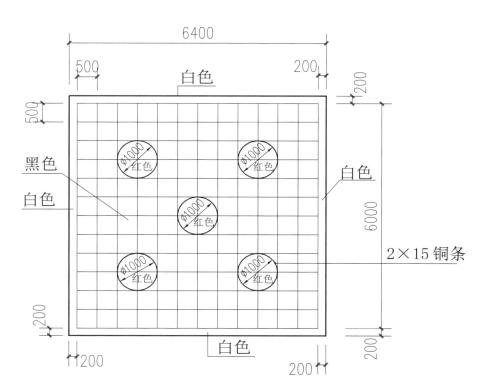

图 3-2-3

表 3-2-8

（一）工程量计算表

序号	项目名称	计量单位	工程量	计算公式
1	水泥砂浆找平	m²	40.96	6.4×6.4
2	楼面水泥砂浆贴大理石（白）			
3	楼面水泥砂浆普通贴大理石（黑）			
4	楼面水泥砂浆复杂镶贴大理石（红）			

表 3-2-9　　　　　　　　　　　（二）分部分项工程费用计算表

序号	定额编号	分项工程名称	单位	数量	综合单价 /（元·m⁻²）	合价 / 元
1	12-15 换	水泥砂浆找平层（厚 20mm）砼或硬基层上	m²	40.96	9.62	394.04
2		楼地面大理石面层干硬性水泥砂浆粘贴				
3		楼地面大理石面层干硬性水泥砂浆粘贴				
4		水泥砂浆镶贴大理石				
		合计			（元）	

表 3-2-10　　　　　　　　　　　（三）工程造价计算表

编号	名称		费率 /%	计算公式	费用 / 元
一	分部分项工程量清单费用		—	—	
二	措施项目费用		1.6		
三	其他项目费用		—	—	—
四	规费		—		
1	其中	1. 工程定额测定费	0.1		
2		2. 安全生产监督费	0.06		
3		3. 住房公积金	0.5		
4		4. 劳动保险费	1.2		
五	税金		3.44		
六	工程造价		大写		

第三章　室内装饰工程预算编制实训

2. 某办公楼二层房间（包括卫生间）及走廊地面整体面层装饰工程，其工程量如表 3-2-11 所示，试计算该地面装饰的工程造价。（已知安全文明施工费费率为 0.9%，社会保障费费率为 3%，二次搬运费费率为 0.5%，工程排污费费率为 0.1%，已完工程及设备保护费费率为 0.67%，检验试验费费率为 0.2%；室内空气污染测定费费率为 0.08%，建筑安全监督管理费费率为 0.19%，住房公积金费率为 0.5%，税率为 3.44%。）

表 3-2-11 工程量清单计算表

序号	分项工程名称	单位	数量	项目特征
一	楼地面工程	m²		
1	300×300 防滑地砖	m²	23.84	1. 结合层厚度、砂浆配合比 1:3 干硬性水泥砂浆，素水泥浆（砂浆与地砖总厚度为 50 mm）；
2	600×600 玻化砖	m²	335.94	2. 嵌缝材料种类：1 mm 铺贴缝，水泥浆擦缝； 3. 面层材料品种、规格、品牌、颜色见招标文件总说明。
3	800×800 玻化砖	m²	87.73	

参考文献
REFERENCE

[1] 江苏省建设厅．江苏省建筑与装饰工程计价表．北京：知识产权出版社，2004
[2] 江苏省建设厅．江苏省仿古建筑与园林工程计价表．南京：江苏人民出版社，2007
[3] 中华人民共和国建设部．中华人民共和国国家标准建设工程工程量清单计价规范 GB 50500 — 2008
[4] 江苏省建设工程管理总站．江苏省建设工程造价员资格考试大纲．2009
[5] 江苏省建设工程管理总站．工程造价基础理论．2009
[6] 江苏省建设工程管理总站．建筑及装饰工程技术与计价．2009
[7] 图解园林绿化工程工程量清单计算手册．北京：机械工业出版社，2009
[8] 宜兴市招投标网：http://www.yxztb.net
[9] 宜兴广汇幼儿园招标文件 项目编码：yxs20110500902

学习
网站

[1] 中国注册造价工程师网（http://www.zaojiashi.com）
[2] 广联达服务新干线（http://www.fwxgx.com/）
[3] ××省工程造价信息网（如江苏省工程造价信息网：http://www.jszj.com.cn）
[4] 各省招标网（如江苏招标网：http://js.bidcenter.com.cn）
[5] 各市招标网（如无锡招标网：http://js.bidcenter.com.cn）

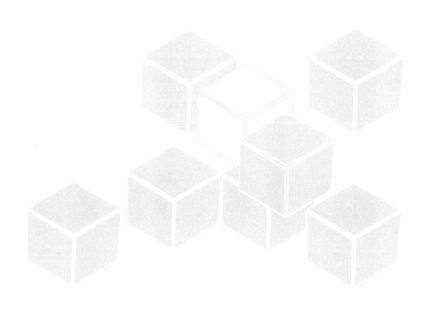

后记
POSTSCRIPT

关于预算的教材有很多，针对艺术类专业的不多，针对高职艺术类专业的更少。
为此，在林家阳教授的组织策划下，这本教材应运而生。

作者综合多年企业工作和高职任教的经验，结合在高职院校专业建设和课程改革的
成果，以及主持完成的〈《预决算》课程教学改革研究〉课题成果，针对高职院校
艺术类专业培养技能型人才的目标，编制了这本以项目实训教学为主的教材。

本教材由江苏省评标专家、高级工程师蔺敬跃先生详细校核；排版工作由陈网老师
独立完成；编著过程中，得到了林家阳教授和徐南主任的多处指教。在此，一并表
示最真诚的谢意！
但是，由于本人能力有限，一定在某些方面存在不足，希望各位使用教材的同事和
同学们多提宝贵意见。

刘美英
2013 年 10 月